烹饪教程真人秀

下厨必备的
西点制作分步图解

吴文达 主编

吉林科学技术出版社

图书在版编目（CIP）数据

下厨必备的西点制作分步图解 / 吴文达主编. --
长春：吉林科学技术出版社，2015.7
（烹饪教程真人秀）
ISBN 978-7-5384-9539-3

Ⅰ．①下… Ⅱ．①吴… Ⅲ．①西点－制作 Ⅳ.
① TS213.2

中国版本图书馆 CIP 数据核字 (2015) 第 165813 号

下厨必备的西点制作分步图解

Xiachu Bibei De Xidian Zhizuo Fenbu Tujie

主　　编　吴文达
出 版 人　李 梁
责任编辑　李红梅
策划编辑　朱小芳
封面设计　郑欣媚
版式设计　谢丹丹
开　　本　723mm×1020mm　1/16
字　　数　220千字
印　　张　16
印　　数　10000册
版　　次　2015年9月第1版
印　　次　2015年9月第1次印刷

出　　版　吉林科学技术出版社
发　　行　吉林科学技术出版社
地　　址　长春市人民大街4646号
邮　　编　130021
发行部电话/传真　0431-85635177　85651759　85651628
　　　　　　　　　 85677817　85600611　85670016
储运部电话　0431-84612872
编辑部电话　0431-86037576
网　　址　www.jlstp.net
印　　刷　深圳市雅佳图印刷有限公司

书　　号　ISBN 978-7-5384-9539-3
定　　价　29.80元

目录
CONTENTS

PART 1 西点基础篇

PART 2 面包篇

◎ 简单面包类

◎ 杂粮面包类

◎ 起酥面包类

PART 3 蛋糕篇

PART 4　饼干篇

PART 5 吐司、三明治篇

PART 6 泡芙、蛋挞篇

PART 7 派、酥篇

PART 8　布丁、果冻篇

PART 9　其他小西点篇

PART 1
西点基础篇

想要为做好西点打下基础，必须做好准备。首先要找对工具、认准材料，其次要熟知面团、酱料、馅料的制作方法，以及一些常见的西点名词，最后再学点新手攻略，才能确保万无一失。而全部这些内容，都将在本章中详细介绍。

准备工具，做好西点

新手入门开始学做西点，不能急躁，应该脚踏实地，从零开始学，以打好基础。这其中的第一步，就是了解好制作西点所需的工具。

● 烤箱

烤箱在家庭中使用时一般情况下都是用来烤制一些饼干、点心和面包等食物。烤箱是一种密封的电器，同时也具备烘干的作用。

● 电子秤

电子秤，又叫电子计量秤，适合在西点制作中用来称量各式各样的粉类（如面粉、抹茶粉等）、细砂糖等需要准确称量的材料。

● 擀面杖

擀面杖是一种用来压制面条、面皮的工具，多为木制。一般长而大的擀面杖用来擀面条，短而小的擀面杖用来擀饺子皮。

● 电动搅拌器

电动搅拌器包含一个电机身，还配有打蛋头和搅面棒两种搅拌头。电动搅拌器可以使搅拌的工作更加快速，使材料拌得更加均匀。

● 玻璃碗

玻璃碗是指玻璃材质的碗，主要用来打发鸡蛋或搅拌面粉、砂糖、油和水等。制作西点时，至少要准备两个以上的玻璃碗。

● 面粉筛

面粉筛一般都由不锈钢制成，是用来过滤面粉的烘焙工具。面粉筛底部呈漏网状，可以用于过滤面粉中含有的其他杂质。

• 吐司模

　　吐司模，顾名思义，是主要用于制作吐司的模具。为了使用方便，可以在选购时购买金色不粘的吐司模，不需要涂油防粘。

• 饼干模

　　饼干模有硅胶、铝合金等材质，款式精致，有6个一组的，也有8个一组、12个一组的，主要用于制作压制饼干及各种水果酥。

• 蛋糕转盘

　　在制作蛋糕后用抹刀涂抹蛋糕胚时，蛋糕转盘可供我们边涂边抹边转动，是节省时间的转盘。蛋糕转盘一般为铝合金材质。

• 蛋糕纸模

　　蛋糕纸模是在做小蛋糕时使用的。使用相应形状的蛋糕纸模能够做出相应的蛋糕形状，适合用于制作儿童喜爱的小糕点。

• 蛋挞模

　　蛋挞模主要用于制作普通蛋挞或葡式蛋挞。一般选择铝模，压制效果比较好，而烤出来的蛋挞口感也相对较好。

• 甜甜圈模

　　甜甜圈模为杯状，圆形较多，分内圈和外圈。面包和面团擀好后，将甜甜圈模用力压下，经过发酵和油炸后就成了甜甜圈。

•毛刷

毛刷是用来制作主食的用具，尺寸多样化。毛刷能用来在面皮表面刷上一层油脂，也能在制好的蛋糕或者点心上刷上一层蛋液。

•刮板

刮板又称面铲板，是制作面团后用来刮净盆子或面板上剩余面团的工具，也可以用来切割面团及修整面团的四边。

•烘培油纸

烤箱内烘烤食物时，可将烘焙油纸垫在底部，防止食物粘在模具上面以致清洗困难。做饼干或蒸馒头等时也可以把烘焙油纸置于底部，能保证食品干净卫生。

•奶油抹刀

奶油抹刀一般用于蛋糕裱花时涂抹奶油或抹平奶油，或在食物脱模的时候分离食物和模具。一般情况下，有需要刮平和抹平的地方，都可以使用奶油抹刀。

•齿形面包刀

齿形面包刀形如普通厨具小刀，但是刀面带有齿锯，一般适合用于切面包，也有人用来切蛋糕。

•蛋糕脱模刀

蛋糕脱模刀是用来分离蛋糕和蛋糕模具的小刀，长约20～30厘米，一般有塑料或不锈钢制的，不伤模具。用蛋糕脱模刀紧贴蛋糕模壁轻轻地划一圈，倒扣蛋糕模即可使蛋糕与蛋糕模分离。

认清材料，做对西点

正所谓"巧妇难为无米之炊"，有了齐全的工具，但如果没有用来制作西点的材料，也会让准备工作功亏一篑。

• 高筋面粉

高筋面粉的蛋白质含量在12.5%～13.5%，色泽偏黄，颗粒较粗，不容易结块，比较容易产生筋性，适合用来做面包。

• 低筋面粉

低筋面粉的蛋白质含量在8.5%，色泽偏白，常用于制作蛋糕、饼干等。如果没有低筋面粉，也可以按75克中筋面粉配25克玉米淀粉的比例自行配制低筋面粉。

• 苏打粉

苏打粉，俗称小苏打，又称食粉。在做面食、馒头、烘焙食物时经常会用到，比如做苏打饼干等。

• 酵母

酵母能够把糖发酵成酒精和二氧化碳，属于比较天然的发酵剂，能够使做出来的包子、馒头等味道纯正、浓厚。

• 泡打粉

泡打粉作为膨松剂，一般都是由碱性材料配合其他酸性材料，并以淀粉作为填充剂组成的白色粉末。常用来制作西式点心。

• 绿茶粉

绿茶粉指在最大限度保持茶叶原有营养成分前提下，用绿茶茶叶粉碎成的绿茶粉末，它可以用来制作蛋糕、绿茶饼等。

•动物淡奶油

动物淡奶油又叫做淡奶油，是由牛奶提炼而成的，本身不含有糖分，白色如牛奶状，但比牛奶更为浓稠。打发前需放在冰箱冷藏8小时以上。

•植脂鲜奶油

植脂鲜奶油，也叫做人造鲜奶油，大多数含有糖分，白色如牛奶状，比牛奶浓稠。通常用于打发后装饰在糕点上面。

•黄油

黄油又叫乳脂、白脱油，是将牛奶中的稀奶油和脱脂乳分离后，使稀奶油成熟并经搅拌而成的。黄油一般应该置于冰箱存放。

•白奶油

白奶油是将牛奶中的脂肪成分经过浓缩而得到的半固体产品，色白，奶香浓郁，脂肪含量较黄油低，可用来涂抹面包和馒头。

•片状酥油

片状酥油是一种浓缩的淡味奶酪，由水乳制成，色泽微黄，在制作时要先刨成丝，经高温烘烤就会化开。

•色拉油

色拉油是由各种植物原油精制而成的。制作西点时用的色拉油一定要是无色无味的，如玉米油、葵花油、橄榄油等。最好不要使用花生油。

• 糖粉

糖粉的外形一般都是洁白色的粉末状，颗粒及其地细小，含有微量玉米粉，直接过滤以后的糖粉可用来制作西式的点心和蛋糕。

• 细砂糖

细砂糖是经过提取和加工以后结晶颗粒较小的糖。适当食用细砂糖有利于提高机体对钙的吸收，但不宜多吃，糖尿病患者忌吃。

• 蜂蜜

蜂蜜的主要成分有葡萄糖、果糖、氨基酸还有各种维生素和矿物质元素。蜂蜜作为一种天然健康的食品，常用于制作面包。

• 白巧克力

白巧克力是由可可脂、糖、牛奶以及香料制成的，是一种不含可可粉的巧克力，但含较多乳制品和糖粉，因此甜度很高。白巧克力可用于制作西式甜点和蛋糕等。

• 黑巧克力

黑巧克力是由可可液块、可可脂、糖和香精混合制成的，主要原料是可可豆。适当食用黑巧克力有润泽皮肤等多种功效。黑巧克力常用于制作蛋糕。

• 果酱

果酱，别名果子酱，是将水果、糖以及酸度调节剂混合，经过100℃左右的温度熬至呈凝胶状而制成的。果酱可以涂在面包、土司或饼干上，十分美味鲜甜，色彩诱人。

面团、酱料、馅料的制作方法

　　面团、酱料、馅料，都是西点制作过程中的重要材料，是呈现完美西点成品的重要组成部分，其制作方法自然需要熟练掌握。

基础面团的制作方法

🧁 配方

高筋面粉250克，酵母、黄油各35克，细砂糖50克，水100毫升，奶粉10克，蛋黄15克

🍴 工具

刮板1个

👨‍🍳 详细制作过程

1 将高筋面粉倒入面板上。

2 加酵母、奶粉，充分拌匀，用刮板开窝。

3 加入细砂糖、蛋黄、水。

4 把内层高筋面粉铺进窝，让面粉充分吸收水分。

5 将材料混合均匀。

6 揉搓成面团，加入黄油。

7 揉搓，让黄油充分地在面团中揉匀。

8 揉至表面光滑，静置即可。

丹麦面团的制作方法

🧁 配方

高筋面粉170克，低筋面粉30克，黄油20克，鸡蛋40克，片状酥油70克，水80毫升，细砂糖50克，酵母4克，奶粉20克

🥄 工具

擀面杖1根，刮板1个

👨‍🍳 详细制作过程

1 将高筋面粉、低筋面粉、奶粉、酵母拌匀。

2 在中间掏一个窝，倒入细砂糖、鸡蛋，拌匀。

3 倒入清水，将内侧一些粉类跟水搅拌匀。

4 倒入黄油，边翻搅边按压，制成光滑面团。

5 将面团擀成长型面片，放入片状酥油。

6 将面片折叠，封紧四周，擀至酥油分散均匀。

7 将擀好的面片叠三层，放入冰箱冰冻10分钟。

8 拿出面片续擀薄后冰冻，反复3次，再擀薄。

9 将擀好的面片切大小一致的4等份，装盘即可。

苹果酱的制作方法

🧁 配方

苹果泥100克，柠檬半个，白砂糖30克

👨‍🍳 详细制作过程

1 玻璃碗中倒入苹果泥。

2 倒入白砂糖。

3 用搅拌器搅拌均匀。

4 将柠檬挤汁到碗中。

5 将碗中材料搅拌均匀。

6 将搅拌好的苹果果酱装碗即可。

卡仕达酱的制作方法

🧁 配方

蛋黄30克，细砂糖30克，水150毫升，低筋面粉
15克

👨‍🍳 详细制作过程

1 取一大玻璃碗，倒入蛋黄、细砂糖，用电动搅
拌器打发均匀。

2 加入低筋面粉。

3 搅拌均匀至细滑浆料。

4 奶锅中注入清水烧开，将一半调好的浆料倒入
锅中，用搅拌器拌匀。

5 关火后将另一半浆料倒入，再开小火搅拌至呈
浓稠状。

6 关火后，取一个小玻璃碗，将煮好的酱料装碗
即可。

椰蓉馅的制作方法

🧁 配方

白砂糖200克，鸡蛋75克，椰蓉300克，奶油225克，奶粉75克

👨‍🍳 详细制作过程

1 锅中倒入奶油，用小火搅拌至软化。

2 加入白砂糖，搅拌至与奶油融合。

3 放入鸡蛋，搅拌均匀。

4 倒入奶粉，搅拌均匀。

5 加入椰蓉，搅匀至材料融合。

6 关火后将煮好的椰蓉馅装碗即可。

乳酪馅的制作方法

🧁 配方

芝士200克，糖粉75克，玉米淀粉21克，奶油70克，牛奶50毫升

👨‍🍳 详细制作过程

1 锅中倒入芝士，用小火煮至微微溶化。

2 放入奶油，稍微搅拌。

3 倒入牛奶，搅拌均匀。

4 倒入糖粉，拌匀。

5 放入玉米淀粉，搅拌至材料融合。

6 关火后将煮好的乳酪馅装碗即可。

西点新手攻略，零失败做西点

对于刚接触西点制作的人来说，想要减少烘焙失败的记录，就应该学会一些入门攻略，帮助自己更快掌握烘焙西点的技巧。

◎ 低筋面粉、全脂牛奶都能自己做

细读本书中提供的多款西点就能发现，低筋面粉是经常使用到的材料。

低筋面粉一般在超市就能买到，一般商品名称也会表明"低筋"字样。但有时候为了节省时间，或者临时需要，也可以自己在家做低筋面粉。只要在普通面粉里掺入20%的玉米淀粉或小麦淀粉，混合均匀即可。因为混入的淀粉降低了面粉的筋度，其效果就和低筋面粉非常相似了。

而像我们平时在家制作蛋糕时，经常要使用到全脂牛奶，这时候我们也可以尝试自己调制。只要将全脂奶粉与水以1：9的比例混合冲调，就可以替代全脂牛奶使用，是相当实用且方便的小妙招。

◎ 做西点时应采取防粘措施

在做西点时采取防粘措施，可以使制作出来的成品外观更加精美。一般的防粘措施是在烤盘上垫油纸、锡纸、高温油布等，如果是做蛋糕、面包的，可以在模具内部涂抹一层软化的黄油，再撒一层干面粉即可。

此外，如果使用的是具有防粘特性的模具，可以不采取防粘措施。

◎ 觉得口味偏甜的西点，可以少放糖

在做西点的时候，加入的糖量不一定要跟配方中的保持一致，可以根据个人口味需求，适当增减。一般可以按照配方里的糖量在30%的范围内调整增减，都不会对成品造成太大影响。

少放糖可以帮助降低热量的摄入。

此外，如果用90%的木糖醇代替配方里的糖，制作出来的就是无糖西点，就可以给糖尿病人食用了。

但需要注意的是，每个人每天摄入的木糖醇不要超过50克。

◎ 电子秤和量勺，缺一不可

做西点需讲究用量的准确度，这是保证做出成功西点的基本前提。配方中的材料如果稍有变动，影响的不仅是口感，还可能导致制作的失败。

要保证用量的精确，电子秤和量勺这两样东西则不可或缺。

电子秤一般用来称量需用量较多的材料，因此最好购买最小量程精确到0.1克的，能使称量结果更准确。

量勺主要用来称量需用量较少的材料。不同的量勺规格也略不相同，一般一套有4-5个，规格有1大勺、1小勺、1/2小勺、1/4小勺、1/8小勺等多种规格，这样使用起来更为方便。

◎ 使用硅胶模应谨慎

硅胶模的好处是防粘，容易脱模，可耐热至260℃，能承受瞬间温度变化，可以将模具从冰箱直接移至烤箱中。质量好的硅胶模使用寿命可达200次。

为了延长硅胶模的使用寿命，在做西点时更卫生，每次使用完硅胶模之后，要以热水添加少许食用清洁剂清洗，切勿使用具有磨蚀力的清洁剂或泡棉清洗。清洗干净之后还要擦拭干水分，保证在储藏前已彻底干燥。

此外，如果是六连模、八连模等这类型的硅胶模，如果只烤其中几个模，那么另外的几个模一定要装上

清水，切不可让其干烤。因为硅胶模如果干烤，很容易烤坏，还会降低使用寿命。

◎ 蛋糕脱模有诀窍

要想完成的蛋糕外观精美，脱模也得很讲究。刚烘烤出来的蛋糕还很软，也没有定形，此时不宜脱模，以免造成蛋糕破碎、残缺、塌陷。

脱模的最佳时期是在确定模具已经不再发烫之后，用脱模刀尽量沿着模具边缘，一气呵成地划一圈，中途不要提起刀具，以免再次插入时破坏蛋糕的美感。

将蛋糕从模具中取出之后，再用蛋糕抹刀将蛋糕底部与模具分离。如此脱模而成的蛋糕体外观就会是完整的。

常见西点名词解释

西点在国内纯碎是泊来品，工艺较复杂，技术性强。初学者在学习过程中应明确一些烘焙的术语，更有利于提高制作技能。

◎ 打发

因搅拌使空气进入而使物体膨胀或产生变化。打发奶油时虽然膨胀性较不明显，但可看到奶油颜色改变；打发蛋白时，液体状的蛋白会膨胀成固态泡沫。

◎ 粉类过筛

多种粉类混合时，都需要使用筛网过筛，以免搅拌时面粉会在面糊中结粒，尤其低筋面粉吸水性强，容易受潮，使用前一定要过筛；而且当多种粉类混合时，过筛可让粉类混合的更均匀。如果时间许可，在使用前（即粉类加入前）过筛最好。

◎ 松弛

做挞皮、饼干时，加了大量面粉搅拌而成的面糊，为了保持揉开时面团的弹性，并使烘烤时较不易收缩、变形，所以须将面团放入冰箱稍冷藏一下，或放在室温中静置数分钟。且为了防止表面干燥，必须用塑料袋或保鲜膜包好。

◎ 手粉

在揉面团时为防止面团黏着桌面，所以使用少许的面粉撒在工作台上或面团上，以达到防黏的效果，也可以让动作更好操作。通常使用的是高筋面粉。

◎ 室温奶油

由于奶油须保存于冷藏状态，如果不事先自冰箱中拿出来退冰至室温，使奶油变柔软，操作时会变得很困难，且奶油容易结块，不易打均匀，可在操作前30分钟至1小时前开始退冰，使奶油回复至室温时、用手指下压可凹下的柔软状态。

◎ 着色

生坯放入烤箱、焗炉等烤时，其表面会因受热而变为浅浅的金黄色，这样的现象在西点的术语中称为着色。

PART 2

面包篇

面包是很常见的西点，一般以五谷类面粉为主要原料，辅以酵母、鸡蛋、黄油、果仁等材料制作而成的。本章按照制作面包的材料加以区分，将面包分为简单面包、杂粮面包、起酥面包、调理面包、花式面包、田园面包几类。一起来学习具体的制作方法吧。

简单
面包类

零失败小贴士

不同季节面团发酵的时间会有不同，
因此要根据温度增减发酵的时间。

奶香桃心包

┃份量：4个 ┃难易度：★★★★☆

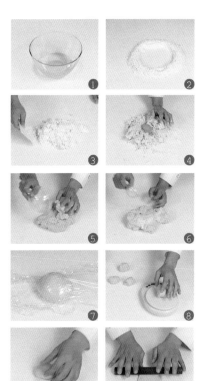

🧁 配方

高筋面粉500克，黄油70克，奶粉20克，细砂糖100克，盐5克，鸡蛋50克，水200毫升，酵母8克

🍽 工具

刮板、搅拌器各1个，擀面杖1根，小刀1把，烤箱1台，电子秤1台，保鲜膜适量

🍞 烤制

烤箱上层，上火190℃，下火190℃，烤15分钟

👨‍🍳 详细制作过程

1 将细砂糖、水装碗，搅拌至细砂糖溶化，待用。

2 把高筋面粉、酵母、奶粉倒在案台上，用刮板开窝。

3 倒入备好的糖水，将材料混合均匀，并按压成形。

4 加入鸡蛋，将材料混合均匀，揉搓成面团。

5 将面团稍微拉平，倒入黄油，揉搓均匀。

6 加入盐，揉搓成光滑的面团。

7 用保鲜膜将面团包好，静置10分钟。

8 将面团分成数个60克一个的小面团。

9 将小面团揉搓成圆球，用手将小面团压平。

10 再用擀面杖擀成面皮。

11 将面皮对折，用刀从中间切开，但不切断。

12 把切面翻开，呈心形。

13 稍微压平，制成桃心包生坯。

14 把桃心包生坯放入烤盘，使其发酵90分钟。

15 放烤盘入烤箱，以上上火190℃、下火190℃的温度，烤15分钟至熟。

16 从烤箱中取出奶香桃心包，装入盘中，刷上蜂蜜即可。

金牛角包

份量：4个 ┃ 难易度：★★☆☆☆

零失败小贴士

在发酵好的面团上刷蛋液，可让金牛角包看起来更光亮。

🧁 配方

高筋面粉500克，黄油70克，奶粉20克，细砂糖100克，盐5克，鸡蛋50克，水200毫升，酵母8克，蛋黄1个

🍴 工具

刮板、搅拌器各1个，擀面杖1根，烤箱1台，电子秤1台，保鲜膜适量

👨‍🍳 烤制

烤箱上层，上火190℃，下火190℃，烤15分钟

🧁 详细制作过程

 ❶ 将细砂糖、水倒入容器中，搅拌至细砂糖溶化，待用。

 ❷ 将高筋面粉、酵母、奶粉用刮板开窝，倒入糖水。

 ❸ 将材料混合均匀，并按压成形，加入鸡蛋，混合均匀，揉搓成面团。

 ❹ 将面团稍微拉平，倒入黄油，揉匀。

 ❺ 加入盐，揉搓成光滑的面团。

 ❻ 用保鲜膜将面团包好，静置10分钟。

 ❼ 将面团分成60克一个的小面团，搓成圆球后拉成细长条，用擀面杖擀成片。

 ❽ 从一端开始，将面片卷成卷，揉搓匀，呈长条状。

 ❾ 把两端连起来，围成一个圈，制成牛角包生坯。

 ❿ 把牛角包生坯放入烤盘，使其发酵90分钟，再在发酵好的生坯上刷适量蛋黄液。

 ⓫ 将烤盘放入烤箱，以上火190℃、下火190℃的温度，烤15分钟，至面包熟。

 ⓬ 从烤箱中取出烤盘，将烤好的金牛角包装入容器中即可。

椰香面包

█ 份量：4个 █ 难易度：★★★☆☆

🧁 配方

高筋面粉500克，黄油70克，奶粉20克，细砂糖100克，盐5克，鸡蛋50克，水200毫升，酵母8克，椰丝30克，沙拉酱适量

🍴 工具

刮板、搅拌器、三角铁板、裱花袋各1个，擀面杖1根，剪刀1把，烤箱、电子秤各1台，保鲜膜适量

🍳 烤制

烤箱上层，上、下火均190℃，烤15分钟

🧁 详细制作过程

1 将细砂糖、水装碗，拌至细砂糖溶化，待用。

2 高筋面粉、酵母、奶粉倒在案台上，用刮板开窝。

3 倒入糖水，将材料混合均匀，并按压成形。

4 加入鸡蛋揉匀，稍拉平，倒入黄油，揉搓均匀。

5 加盐，揉成光滑面团，用保鲜膜包好，静置10分钟。

6 将面团分成数个60克一个的小面团，揉搓成圆形，放入烤盘中，发酵90分钟，备用。

7 将椰丝、沙拉酱拌匀，制成椰丝酱，装入裱花袋。

8 将裱花袋尖端剪开，用椰丝酱在面团上画圆圈。

9 将烤箱温度调为上火190℃、下火190℃，预热后放入烤盘，烤15分钟至熟，取出，装入盘中即可。

芝麻法包

份量： 4个　　**难易度：** ★☆☆☆☆

配方

高筋面粉250克，纯牛奶80毫升，鸡蛋1个，盐2克，酵母3克，黄油20克，白芝麻适量

工具

刮板、筛网各1个，擀面杖1根，小刀1把，烤箱1台

烤制

烤箱上层，上火190℃，下火190℃，烤15分钟

详细制作过程

1 把酵母、白芝麻与高筋面粉混匀，用刮板开窝。

2 加盐、纯牛奶、鸡蛋拌匀，刮入面粉，揉搓匀。

3 再加入黄油，混合均匀，揉搓成光滑的面团。

4 将面团分切成小剂子，取两个搓球状，擀成面皮。

5 将面皮卷成卷，再搓成两头尖、中间粗的梭子状生坯，放入烤盘里，在常温下发酵90分钟。

6 用小刀在生坯上划几口，高筋面粉过筛至生坯上。

7 把生坯放入预热好的烤箱里，以上火190℃、下火190℃的温度烤15分钟至熟。

8 取出烤好的面包，装盘即可。

杂粮
面包类

全麦辫子包

▌份量：4个 ▌难易度：★★★☆☆

🧁 配方

全麦面粉250克，高筋面粉250克，盐5克，酵母5克，细砂糖100克，水200毫升，鸡蛋1个，黄油70克

🥄 工具

刮板1个，擀面杖1根，烤箱1台，电子秤1台

🍞 烤制

烤箱上层，上火190℃，下火190℃，烤15分钟

👨‍🍳 详细制作过程

1 将全麦面粉、高筋面粉倒在案台上，用刮板开窝。

2 放入酵母，刮在粉窝边。

3 倒入细砂糖、水、鸡蛋，用刮板搅散，混合均匀。

4 加入黄油，揉搓均匀。

5 加入盐，混合均匀，揉搓成面团。

6 用电子秤秤取两个100克的面团。

7 把面团分成6个大小均等的小剂子，再搓成球状。

8 用擀面杖擀平，卷起卷，搓成细长条。

9 将三根面条的一端捏在一起，再相互交叉，编成麻花辫的形状。

10 依此将余下的材料制作成辫子包生坯，放入烤盘，在常温下发酵90分钟。

11 将生坯发酵至原体积的2倍。

12 把生坯放入预热好的烤箱里。

13 关上烤箱门，以上火190℃、下火190℃，烤15分钟至熟。

14 打开箱门，取出烤好的辫子包，装在容器里即可。

红豆杂粮面包

份量：8个　｜　难易度：★★☆☆☆

🧁 配方

高筋面粉160克，杂粮粉350克，鸡蛋1个，黄油70克，奶粉20克，水200毫升，细砂糖100克，盐5克，酵母8克，红豆粒20克

🍴 工具

刮板、筛网各1个，小刀1把，烤箱1台，电子秤1台

👨‍🍳 烤制

烤箱中层，上火190℃，下火190℃，烤15分钟

👨‍🍳 详细制作过程

❶ 将杂粮粉、150克高筋面粉、酵母、奶粉混匀，开窝。

❷ 倒入细砂糖、水，用刮板拌匀，混合均匀，揉成面团。

❸ 将面团稍微压平，加入鸡蛋，揉匀。

❹ 加入盐、黄油，揉搓均匀。

❺ 将面团揉成数个60克的面团，待用。

❻ 取其中一个面团，用手拉平。

❼ 放入适量红豆粒，收口，并揉圆。

❽ 将做好的生坯放在烤盘中，使其发酵90分钟。

❾ 在发酵好的生坯上用小刀划十字。

❿ 将剩余高筋面粉过筛至生坯上。

⓫ 烤盘入烤箱，以上、下火均190℃的温度烤15分钟。

⓬ 取出烤盘，将面包装入盘中即可。

提子杂粮包

▌份量：8个 ▌难易度：★★☆☆☆

🧁 配方

高筋面粉160克，杂粮粉350克，鸡蛋1个，黄油70克，奶粉20克，水200毫升，细砂糖100克，盐5克，酵母8克，提子干适量

🍞 工具

刮板、筛网各1个，烤箱1台，电子秤1台

🍞 烤制

烤箱中层，上火190℃，下火190℃，烤15分钟

👨‍🍳 详细制作过程

1 杂粮粉、150克高筋面粉、酵母、奶粉混匀，开窝。

2 倒入细砂糖、水，混合均匀，揉搓成面团。

3 将面团稍微压平，加入鸡蛋，并按压揉匀。

4 加入盐、黄油，揉搓均匀。

5 将面团揉成数个60克的面团，取其中两个，按平。

6 放上提子干，包好，揉圆，制成提子杂粮包生坯。

7 放入烤盘，发酵90分钟，高筋面粉过筛至生坯上。

8 将烤盘放入烤箱中，以上火190℃、下火190℃的温度烤15分钟至熟，取出，装入盘中即可。

全麦餐包

▌份量：8个 ▌难易度：★☆☆☆☆

🧁 配方

全麦面粉250克，高筋面粉250克，盐5克，酵母5克，细砂糖100克，水200毫升，鸡蛋1个，黄油70克

🍴 工具

刮板1个，蛋糕纸杯4个，烤箱1台，电子秤1台

🍞 烤制

烤箱中层，上火190℃，下火190℃，烤15分钟

👨‍🍳 详细制作过程

1 将全麦面粉、高筋面粉倒在案台上，用刮板开窝。

2 放入酵母，刮在粉窝边。

3 倒入细砂糖、水、鸡蛋，用刮板搅散。

4 将材料混合均匀，加黄油，揉匀。

5 加入盐，混合均匀，揉搓成面团。

6 把面团切成数个小剂子，搓成圆球，制成生坯。

7 取其中4个生坯，放在蛋糕纸杯里。

8 将装入蛋糕纸杯的生坯放入烤盘里，发酵90分钟，使其发酵至原体积的2倍。

9 把生坯放入预热好的烤箱里，以上火190℃、下火190℃的温度烤15分钟，取出装盘即可。

起酥
面包类

零失败小贴士
———————————
可以榨取适量菠萝汁加入面团中，
这样面包的味道会更浓郁。

丹麦菠萝面包

▌份量：3个 ▌难易度：★★★★☆

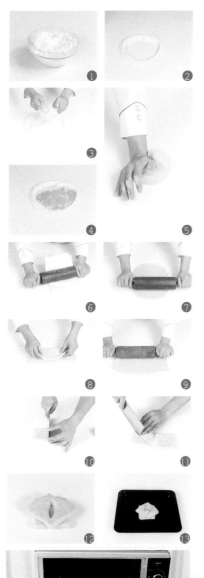

🧁 配方

高筋面粉170克，低筋面粉30克，细砂糖50克，黄油20克，奶粉12克，盐3克，干酵母5克，水88毫升，鸡蛋40克，片状酥油70克，菠萝果肉粒适量

🍴 工具

玻璃碗、刮板各1个，菜刀1把，白纸1张，擀面杖1根

👨‍🍳 烤制

烤箱中层，上火200℃，下火200℃，烤15分钟

🍲 详细制作过程

1 将低筋面粉倒入装有高筋面粉的碗中，拌匀。

2 倒入奶粉、干酵母、盐，拌匀，用刮板开窝。

3 倒入水、细砂糖，搅拌均匀。

4 放入鸡蛋，将材料混合均匀，揉搓成湿面团。

5 加入黄油，揉搓成光滑的面团。

6 用白纸包好片状酥油，用擀面杖将其擀薄，待用。

7 再放上酥油片，折叠擀平。

8 先将三分之一的面皮折叠，再将剩下的折叠起来，入冰箱冷藏10分钟。

9 取出面皮，继续擀平，将上述动作重复操作两次，制成酥皮。

10 取适量酥皮，将边缘切平整，切成两方块状。

11 取其中一块酥皮，沿对角线方向，切开一道口子。

12 切有口子的酥皮四角错开，叠放在另一块酥皮上。

13 备好烤盘，放上叠好的酥皮，在其切口中放上菠萝果肉粒，制成面包生坯。

14 烤盘放入预热好的烤箱中，温度调至上火200℃、下火200℃，烤15分钟至熟即可。

培根奶酪可颂

■ 份量：10个　■ 难易度：★★★☆☆

配方

高筋面粉170克，低筋面粉30克，细砂糖50克，黄油20克，奶粉12克，盐3克，干酵母5克，水88毫升，鸡蛋40克，片状酥油70克，芝士30克，培根40克

工具

刮板1个，擀面杖1根，菜刀1把，烤箱1台，白纸1张

烤制

烤箱中层，上、下火均190℃，烤15分钟

详细制作过程

1 将低筋面粉、高筋面粉混匀，倒入奶粉、干酵母、盐拌匀，用刮板开窝，倒入水、细砂糖拌匀。

2 放入鸡蛋，混合均匀，揉搓成湿面团。

3 加入黄油，揉搓成光滑的面团。

4 用擀面杖将包着白纸的片状酥油擀薄，待用。

5 将面团擀成薄片，放上酥油片，折叠，擀平，放入冰箱冷藏10分钟后取出，再折叠、擀平，重复两次。

6 将酥皮擀薄，边缘切平整，切成几个直角三角块。

7 酥皮放上培根、芝士，卷成羊角状，制成生坯。

8 同法制成其余生坯，装入烤盘，常温1.5小时发酵。

9 把烤箱上下火均调为190℃，预热5分钟，放入生坯，烘烤15分钟至熟即可。

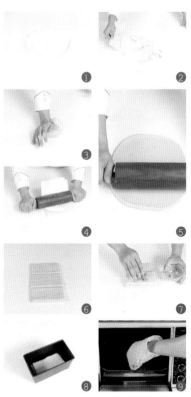

肉松金砖

▌份量：2个 ▌难易度：★★☆☆☆

🧁 配方

高筋面粉170克，低筋面粉30克，细砂糖50克，黄油20克，奶粉12克，盐3克，干酵母5克，水88毫升，鸡蛋40克，片状酥油70克，肉松40克

🍴 工具

刮板1个，擀面杖1根，菜刀1把，吐司模具1个，烤箱1台，白纸1张

🍞 烤制

烤箱下层，上火180℃，下火200℃，烤20分钟

👨‍🍳 详细制作过程

1 将低筋面粉、高筋面粉混匀，倒入奶粉、干酵母、盐拌匀，用刮板开窝。

2 倒入水、细砂糖拌匀，加鸡蛋混匀，揉成湿面团。

3 加入黄油，揉搓成光滑的面团。

4 用擀面杖将包着白纸的片状酥油擀薄，待用。

5 将面团擀成薄片，放上酥油片，折叠，擀平，放入冰箱冷藏10分钟后取出，再折叠、擀平，重复两次。

6 将酥皮擀薄，边缘切平整，分切成三等份长方块。

7 每两块酥皮中间铺上肉松，叠放起来，制成生坯。

8 生坯放入吐司模具中，常温1.5小时发酵，盖上盖。

9 将烤箱上火调为180℃，下火调为200℃，预热5分钟，放入生坯，烘烤20分钟至熟，取出脱模即可。

丹麦手撕包

份量：2个 ┃ 难易度：★★★★☆

零失败小贴士

面包脱模时，可用小刀紧贴着模具
内壁划一圈，这样更易脱模。

🧁 **配方**

高筋面粉170克，低筋面粉30克，细砂糖50克，黄油20克，奶粉12克，盐3克，干酵母5克，水88毫升，鸡蛋40克，片状酥油70克

🧁 **工具**

刮板、圆形模具、玻璃碗各1个，菜刀1把，擀面杖1根，烤箱1台，白纸1张

🍞 **烤制**

烤箱上层，上火190℃，下火190℃，烤15分钟

👨‍🍳 **详细制作过程**

❶将低筋面粉倒入装有高筋面粉的碗中，拌匀。

❷加奶粉、干酵母、盐拌匀，倒在案台上，用刮板开窝。

❸倒入水、细砂糖，搅拌均匀。

❹放入鸡蛋，混合均匀，揉搓成湿面团。

❺加入黄油，揉搓成光滑的面团。

❻用擀面杖将包着白纸的片状酥油擀薄，待用。

❼面团擀薄，加酥油片折叠，擀平后冷藏10分钟，重复两次。

❽将面皮擀薄，边缘切齐整，分切成3个大小均等的长方片。

❾取其中一块，切成2等份。

❿将两条面皮叠在一起，折成"M"形，制成生坯。

⓫将生坯放入圆形模具里，在常温下发酵90分钟后放入烤盘。

⓬烤盘入烤箱，上下火均190℃烤15分钟，取出脱模即可。

零失败小贴士

高筋面粉可过筛后再进行揉制，使其口感更细腻。

拖鞋面包

份量：4个 **难易度：★★☆☆☆**

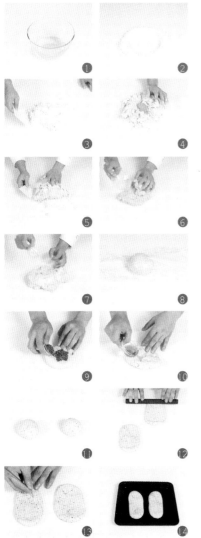

🧁 配方

高筋面粉500克，黄油70克，奶粉20克，细砂糖100克，盐5克，鸡蛋1个，水200毫升，酵母8克，橄榄油15克，黑胡椒8克

🍴 工具

刮板、搅拌器各1个，擀面杖1根，玻璃碗1个，叉子1把，烤箱1台，保鲜膜适量

👨‍🍳 烤制

烤箱中层，上火190℃，下火190℃，烤10分钟

🍰 详细制作过程

1 将细砂糖、水倒入碗中，搅拌至细砂糖溶化，待用。

2 把高筋面粉、酵母、奶粉倒在案台上，用刮板开窝。

3 倒入备好的糖水，将材料混合均匀，并按压成形。

4 加入鸡蛋，将材料混合均匀。

5 揉搓成光滑面团。

6 将面团稍微拉平，倒入黄油，揉搓均匀。

7 加入盐，揉搓成光滑的面团。

8 用保鲜膜将面团包好，静置10分钟。

9 取适量面团，搓圆至小球，稍稍压扁，倒入黑胡椒。

10 搓揉均匀，倒入适量橄榄油。

11 将其搓揉成纯滑的面团，分成两等份，稍搓圆。

12 压扁，用擀面杖稍稍擀平。

13 用叉子在面皮表面均匀插上小孔。

14 烤盘中放入面皮，常温发酵2小时至原来一倍大。

15 将发酵好的面皮放入预热好的烤箱中，温度调至上火190℃、下火190℃，烤10分钟至熟。

16 取出烤盘，过筛适量高筋面粉至面包上即可。

英国生姜面包

份量：8个　难易度：★★☆☆☆

🧁 配方

高筋面粉500克，黄油70克，奶粉20克，细砂糖100克，盐5克，鸡蛋1个，水200毫升，酵母8克，姜粉10克

🍳 工具

刮板、搅拌器各1个，擀面杖1根，玻璃碗1个，烤箱1台，保鲜膜适量

🍞 烤制

烤箱中层，上火190℃，下火190℃，烤10分钟

👨‍🍳 详细制作过程

❶ 将细砂糖、水倒入容器中，搅拌至细砂糖溶化，待用。

❷ 把高筋面粉、酵母、奶粉倒在案台上，用刮板开窝。

❸ 倒入备好的糖水，将材料混合均匀。

❹ 再倒入鸡蛋，混合均匀，揉搓成面团。

❺ 将面团稍微拉平，倒入黄油、盐，揉搓成光滑的面团。

❻ 用保鲜膜将面团包好，静置10分钟。

❼ 取适量面团压平，倒入姜粉，搓揉均匀至成纯滑的面团。

❽ 将其切成四等份，分别均匀揉至成小球生坯。

❾ 将生坯放入烤盘，常温发酵2小时至原来一倍大。

❿ 生坯放入预热好的烤箱，上下火均190℃，烤10分钟即可。

肉松包

▎份量：8个 ▎难易度：★★☆☆☆

🧁 配方

高筋面粉500克，黄油70克，奶粉20克，细砂糖100克，盐5克，鸡蛋50克，水200毫升，酵母8克，肉松10克，沙拉酱适量

🥄 工具

刮板、搅拌器、玻璃碗各1个，擀面杖1根，蛋糕刀、刷子各1把，电子秤1台，烤箱1台，保鲜膜适量

🍞 烤制

烤箱中层，上、下火均190℃，烤15分钟

👨‍🍳 详细制作过程

1 细砂糖加水溶化，待用；高筋面粉、酵母、奶粉倒在案台上，用刮板开窝，倒入备好的糖水。

2 将材料混合均匀，加鸡蛋混匀，揉搓成面团。

3 倒入黄油，揉匀，加盐，揉搓成光滑的面团。

4 用保鲜膜包好，静置10分钟后分数个60克的面团。

5 把小面团揉搓成圆形，用擀面杖将面团擀平。

6 将面团卷成橄榄形，放入烤盘，发酵90分钟。

7 将烤箱温度调为上火190℃、下火190℃，预热后放入烤盘，烤15分钟至熟。

8 取出，用蛋糕刀将面包斜切一小口，挤入沙拉酱。

9 在面包表面刷上沙拉酱，均匀地铺上肉松即可。

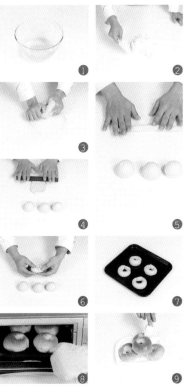

贝果

┃份量：6个 ┃难易度：★★☆☆☆

🧁 配方

高筋面粉500克，黄油70克，奶粉20克，细砂糖100克，盐5克，鸡蛋1个，水200毫升，酵母8克，蜂蜜适量

🍳 工具

刮板、搅拌器、玻璃碗各1个，擀面杖1根，刷子1把，电子秤1台，烤箱1台，保鲜膜适量

🍞 烤制

烤箱中层，上火190℃，下火190℃，烤15分钟

🍲 详细制作过程

1 将细砂糖、水倒入容器中，搅拌至糖溶，待用。

2 把高筋面粉、酵母、奶粉开窝，倒入糖水混匀。

3 加入鸡蛋混匀，再倒入黄油揉匀，加盐，揉成光滑面团后用保鲜膜将面团包好，静置10分钟。

4 将面团分数个60克的面团，揉成圆球，擀成面皮。

5 将面皮两边向中间折叠起来，用手搓成细长条。

6 将一端擀平，长条围成圆圈后两端相接，制生坯。

7 把生坯放入烤盘中，使其发酵90分钟。

8 将烤盘放入烤箱，以上火190℃、下火190℃的温度烤15分钟至熟，取出烤盘。

9 将烤好的贝果装入盘中，刷上适量蜂蜜即可。

零失败小贴士

卷面包生坯时一定要卷紧，以免发酵后开裂，影响成品美观。

毛毛虫

■ 份量：4个　■ 难易度：★★★★☆

🧁 配方

高筋面粉500克，黄油125克，奶粉20克，细砂糖100克，盐7克，鸡蛋3个，水215毫升，酵母8克，打发鲜奶油适量，低筋面粉75克，牛奶75毫升

🍴 工具

刮板、搅拌器、裱花袋、电动搅拌器、三角铁板、不锈钢锅各1个，蛋糕刀1把，擀面杖1根，烤箱1台，电子秤1台，保鲜膜适量

🍞 烤制

烤箱中层，上火190℃，下火190℃，烤15分钟

🍲 详细制作过程

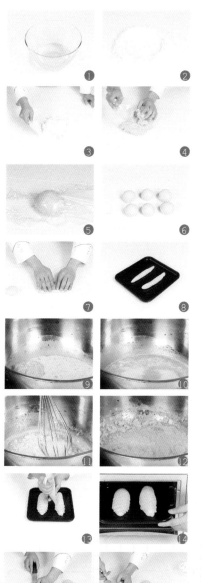

1 将细砂糖、200毫升水倒入碗中，拌至糖溶，待用。

2 把高筋面粉、酵母、奶粉倒在案台上，用刮板开窝。

3 倒入糖水，将材料混合均匀，并按压成形。

4 加入1个鸡蛋混匀，再倒入70克黄油，揉搓均匀。

5 加5克盐，揉成光滑面团，保鲜膜包好，静置10分钟。

6 将面团分成数个60克一个的小面团，揉搓成圆形。

7 用擀面杖将面团擀平，从一端开始，将面团卷成卷。

8 搓成长条状，制成生坯，放入烤盘，发酵90分钟。

9 将15毫升水、55克黄油、牛奶拌匀，煮至溶化。

10 加入2克盐，快速搅拌匀，关火。

11 放入低筋面粉，拌匀。

12 先放入一个鸡蛋，拌匀，再倒入另一个鸡蛋拌匀。

13 把拌好的材料装入裱花袋，挤到生坯上。

14 将烤箱温度调为上火210℃、下火190℃，预热后放入烤盘，烤20分钟至熟。

15 取出烤好的面包，放凉后，用平刀切一个小口。

16 在切口处均匀地抹上打发的鲜奶油，装盘即可。

冲绳黑砂糖

▊ 份量： 6个　**▊ 难易度：** ★★☆☆☆

🧁 配方

红糖粉30克，奶粉6克，蛋白20克，水60毫升，改良剂1克，酵母3克，高筋面粉200克，细砂糖10克，盐2.5克，纯牛奶20毫升，焦糖4克，黄油20克，香酥粒适量

🍞 烤制

烤箱中层，上火190℃，下火190℃，烤20分钟

👨‍🍳 详细制作过程

1 将酵母、奶粉、改良剂、高筋面粉混合，开窝。

2 倒入细砂糖、红糖粉、焦糖、水，拌匀。

3 倒入纯牛奶、蛋白、盐，混匀，揉成面团。

4 加入黄油，揉搓成光滑的面团。

5 把面团摘成小剂子，秤取每60克一个，揉成球状。

6 将面团擀平，卷成橄榄状，裹上香酥粒，制生坯。

7 把生坯放入烤盘里，发酵90分钟至原体积的2倍。

8 把烤箱预热5分钟，温度调为上火190℃、下火190℃，放入生坯，烘烤20分钟后取出即可。

🍴 工具

刮板1个，擀面杖1根，烤箱1台，电子秤1台

哈雷面包

份量： 6个　**难易度：** ★★★★☆

🧁 配方

高筋面粉500克，黄油70克，奶粉20克，细砂糖160克，盐5克，鸡蛋3个，水200毫升，酵母8克，色拉油50毫升，低筋面粉60克，吉士粉10克，巧克力果膏少许

🥖 工具

刮板、电动搅拌器、长柄刮板、搅拌器、玻璃碗各1个，裱花袋2个，剪刀1把，烤箱1台，电子秤1台

🍞 烤制

烤箱中层，上火190℃，下火190℃，烤15分钟

🍰 详细制作过程

1 细砂糖加水溶化；高筋面粉、酵母、奶粉开窝。

2 倒入糖水混匀，依次加1个鸡蛋、黄油、盐混合均匀，揉搓成光滑面团，用保鲜膜包好，静置10分钟。

3 将面团分60克一个的面团，搓球形，发酵90分钟。

4 将鸡蛋、细砂糖装碗，拌匀，边加色拉油边搅拌。

5 倒入低筋面粉、吉士粉，搅匀，即成哈雷酱。

6 哈雷酱装入裱花袋，以划圆圈的方式挤在面团上。

7 巧克力果膏装裱花袋，哈雷酱上划圆圈，再用牙签从面包酱顶端往下向四周划至花纹呈蜘蛛网状。

8 烤盘放入烤箱，上下火190℃烤15分钟后取出即可。

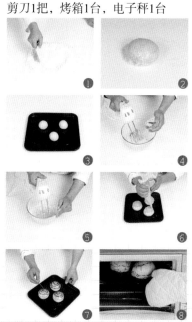

黄金甲面包

┃份量：2个 ┃难易度：★★★☆☆

🧁 配方

高筋面粉500克，黄油230克，奶粉20克，细砂糖100克，盐5克，鸡蛋1个，水350毫升，酵母8克，吉士粉50克

🍴 工具

搅拌器、刮板、电动搅拌器、裱花袋各1个，玻璃碗2个，蛋糕刀、剪刀各1把，烤箱1台，电子秤1台，烘焙油纸、白纸各1张

🍞 烤制

烤箱中层，上火190℃，下火190℃，烤15分钟

👨‍🍳 详细制作过程

1 将细砂糖装碗，加入200毫升水，拌至糖溶，待用。

2 将高筋面粉加入酵母、奶粉混匀，开窝，倒入糖水。

3 刮入混合好的高筋面粉，揉搓成面团。

4 加入鸡蛋，揉搓均匀。

5 放入70克黄油、盐，揉搓成光滑的面团。

6 用电子秤称取350克的面团，分数个等份的小剂子。

7 把小剂子搓成圆球状，压成面片。

8 再将面片卷起，搓成细长条，放入铺有烘焙油纸的烤盘里，使其发酵90分钟至其体积为原来的2倍。

9 将160克黄油倒入玻璃碗中，用电动搅拌器快速打发。

10 加入150毫升水，用电动搅拌器搅拌均匀。

11 倒入吉士粉，搅拌均匀。

12 把拌好的材料装入裱花袋中，在尖端部位剪开一个小口，再均匀地挤在生坯上。

13 把生坯放入预热好的烤箱里，关上箱门，以上火190℃、下火190℃的温度烤15分钟。

14 取出烤好的面包，放在案台的白纸上，用蛋糕刀把蛋糕切成两份，装入盘中即可。

零失败小贴士

生坯上的小口可以剪得深一些，以
方便插入蒜片。

佛卡恰

份量：3个　难易度：★★☆☆☆

🧁 配方

高筋面粉500克，黄油70克，奶粉20克，细砂糖100克，盐5克，鸡蛋1个，水200毫升，酵母8克，橄榄油30克，蒜片40克，黑胡椒粒10克

🍴 工具

刮板、玻璃碗、打蛋器各1个，擀面杖1根，刷子1把，剪刀1把，烤箱1台，保鲜膜适量

🍳 烤制

烤箱中层，上火190℃，下火200℃，烤20分钟

👨‍🍳 详细制作过程

❶ 将细砂糖倒入玻璃碗中，加水，用打蛋器搅拌均匀，搅拌成糖水待用。

❷ 将高筋面粉倒在案台上，加入酵母、奶粉，用刮板混合均匀，再开窝。

❸ 倒入糖水，刮入混合好的高筋面粉，混合成湿面团。

❹ 加入鸡蛋，揉搓均匀，再加入黄油，揉搓至充分混合。

❺ 加盐，揉成光滑面团，用保鲜膜包好，静置10分钟。

❻ 去掉包裹面团的保鲜膜，用擀面杖将面团擀成圆饼状。

❼ 把面饼放入烤盘，表面剪开规则排列的数个小口，把蒜片插在小口上。

❽ 刷上橄榄油，撒上黑胡椒粒，制成生坯，发酵至两倍大。

❾ 关上烤箱门，将温度调为上火190℃、下火200℃，先预热5分钟。

❿ 打开箱门，放入发酵好的生坯，关上箱门，烘烤20分钟至熟，取出即可。

咕咕霍夫

份量：6个 ┃ 难易度：★★☆☆☆

 配方

高筋面粉500克，黄油70克，奶粉20克，细砂糖100克，盐5克，鸡蛋1个，水200毫升，酵母8克，葡萄干25克，柠檬皮屑10克

工具

刮板、打蛋器、玻璃碗各1个，模具2个，烤箱1台，保鲜膜适量

烤制

烤箱中层，上、下火均190℃，烤10分钟

详细制作过程

1 将细砂糖加水，用打蛋器拌匀成糖水，待用。

2 将高筋面粉倒在案台上，加入酵母、奶粉，用刮板混合均匀，开窝，倒入糖水。

3 刮入混合好的高筋面粉，混合成湿面团。

4 加入鸡蛋、黄油，继续揉搓，充分混合。

5 加盐，揉成光滑面团，保鲜膜包好，静置10分钟。

6 去掉保鲜膜，取适量面团，加入柠檬屑，揉匀。

7 再加入葡萄干，揉捏匀。

8 将面团放入模具内，常温发酵2小时后装入烤盘。

9 把烤盘放入预热好的烤箱内，上火调为190℃，下火调为190℃，烤10分钟后取出，脱模即可。

德式裸麦面包

▌份量：8个　▌难易度：★★★☆☆

🧁 配方

高筋面粉500克，黄油70克，奶粉20克，细砂糖100克，盐5克，鸡蛋1个，水200毫升，酵母8克，裸麦粉适量

🍴 工具

刮板、打蛋器、筛网、玻璃碗各1个，刀片1片，烤箱1台，保鲜膜适量

👨‍🍳 烤制

烤箱中层，上、下火均190℃，烤10分钟

🍳 详细制作过程

1 将细砂糖加水，用打蛋器拌匀，拌成糖水待用。

2 将高筋面粉加酵母、奶粉，混匀，开窝，加糖水。

3 刮入混合好的高筋面粉，混合成湿面团。

4 加入鸡蛋、黄油，继续揉搓，充分混合。

5 加盐，揉成光滑面团，保鲜膜包好，静置10分钟。

6 取面团，倒入裸麦粉揉匀，分2个剂子，揉匀。

7 将面团放入烤盘，常温发酵2小时，高筋面粉用筛网过筛，均匀地撒在面团上。

8 用刀片在生坯表面划出花瓣样划痕。

9 将烤盘放入预热好的烤箱内，上火调为190℃，下火调190℃，烘烤10分钟后取出，装入盘中即可。

凯萨面包

| 份量：4个 | 难易度：★☆☆☆☆ |

🧁 配方

高筋面粉500克，黄油70克，奶粉20克，细砂糖100克，盐5克，鸡蛋1个，水200毫升，酵母8克，白芝麻适量

🍳 工具

刮板、玻璃碗、打蛋器各1个，勺子1把，烤箱1台，保鲜膜适量

🍞 烤制

烤箱中层，上火190℃，下火200℃，烤20分钟

👨‍🍳 详细制作过程

1 将细砂糖加水，用打蛋器拌匀，拌成糖水待用。

2 将高筋面粉倒在案台上，加入酵母、奶粉，用刮板混合均匀，开窝，倒入糖水。

3 刮入混合好的高筋面粉，混合成湿面团。

4 加入鸡蛋揉匀，再加黄油、盐，揉成光滑面团。

5 用保鲜膜把面团包裹好，静置10分钟醒面。

6 去掉保鲜膜，取一半面团，分切成2个等份剂子。

7 将剂子搓成球状，用勺子压出花纹。

8 粘白芝麻，制成生坯，装入烤盘，发酵至两倍大。

9 将烤箱上火调为190℃，下火调为200℃，预热5分钟，放入生坯，烘烤20分钟至熟，取出即可。

PART 3

蛋糕篇

　　蛋糕是一种古老的西点，以鸡蛋、细砂糖、面粉等为原料混匀，经由烤箱烤制而成。蛋糕是西点中非常重要的一个分支，种类多样，包括海绵蛋糕、玛芬蛋糕、戚风蛋糕、慕斯蛋糕、芝士蛋糕等。在本章中，这些内容都将为您一一列举。

零失败小贴士

若没有低筋面粉，可用高筋面粉和
玉米淀粉以1：1的比例进行调配。

维也纳蛋糕

┃份量：1个 ┃难易度：★★☆☆☆

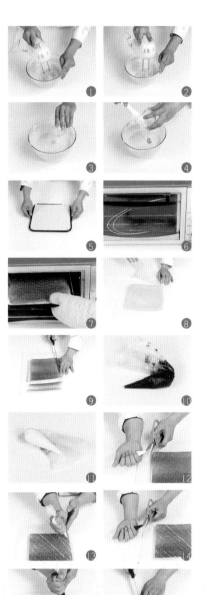

🧁 配方

鸡蛋200克，蜂蜜20克，低筋面粉100克，细砂糖170克，奶粉10克，朗姆酒10毫升，黑巧克力液、白巧克力液各适量

🍢 工具

电动搅拌器、长柄刮板、玻璃碗各1个，裱花袋2个，剪刀、蛋糕刀各1把，烤箱1台，烘焙油纸、白纸各1张

🍞 烤制

烤箱中层，上火170℃，下火170℃，烤20分钟

👨‍🍳 详细制作过程

1 将鸡蛋、细砂糖倒入碗中，用电动搅拌器快速拌匀。

2 在低筋面粉中倒入奶粉，倒入大碗中，搅拌均匀。

3 倒入朗姆酒，拌匀。

4 加入蜂蜜，搅拌均匀，制成蛋糕浆。

5 在烤盘上铺一张烘焙油纸，倒入蛋糕浆抹匀，震平。

6 把烤箱温度调为上、下火均170℃，预热一会儿。

7 将烤盘放入预热好的烤箱中，烤20分钟后取出烤盘。

8 在案台上铺一张白纸，将烤盘倒扣在白纸一端，撕去粘在蛋糕底部的烘焙油纸。

9 盖上白纸的另一端，将蛋糕翻面，四周切整齐。

10 把黑巧克力液装入裱花袋中。

11 将白巧克力液装入裱花袋中。

12 在装有白巧克力液的裱花袋尖端部位剪开一小口。

13 在蛋糕上斜向挤上白巧克力液。

14 在装有黑巧克力液的裱花袋尖端部位剪开一小口。

15 沿着已经挤好的白巧克力液，挤入黑巧克力液。

16 待巧克力凝固后，将蛋糕切成长方块，装盘即成。

摩卡蛋糕

份量：6个 ▎难易度：★★☆☆☆

零失败小贴士

卷好的蛋糕可放入冰箱冷冻一会儿，这样更有利于定形。

🧁 配方

低筋面粉100克，鸡蛋230克，纯牛奶30毫升，色拉油30毫升，细砂糖150克，可可粉5克，咖啡粉2克，打发好的鲜奶油适量

🍞 工具

三角铁板、电动搅拌器、长柄刮板、玻璃碗各1个，木棍1根，蛋糕刀1把，烤箱1台，烘焙油纸、白纸各1张

🍰 烤制

烤箱中层，上火170℃，下火170℃，烤20分钟

👨‍🍳 详细制作过程

❶ 将鸡蛋、细砂糖装碗，用电动搅拌器快速拌匀至起泡。

❷ 在低筋面粉中倒入咖啡粉、可可粉，快速搅拌均匀。

❸ 一边加入纯牛奶，一边搅拌。

❹ 倒入色拉油，并快速搅拌均匀，制成蛋糕浆。

❺ 在烤盘上铺一张烘焙油纸，倒入蛋糕浆，抹匀。

❻ 轻摔烤盘，震平蛋糕浆。

❼ 把烤箱温度调为上火170℃、下火170℃，预热5分钟。

❽ 将烤盘放入预热好的烤箱中，烤20分钟至熟，取出。

❾ 将烤盘倒扣在白纸上，撕去粘在蛋糕底部的烘焙油纸。

❿ 在蛋糕上倒入打发好的鲜奶油，用三角铁板抹匀。

⓫ 用木棍卷起白纸，将蛋糕卷成卷。

⓬ 用蛋糕刀将蛋糕切成均等的小段，装入盘中即成。

简易海绵蛋糕

份量：8块 | **难易度：★☆☆☆☆**

配方

鸡蛋4个，低筋面粉125克，细砂糖112克，水50毫升，色拉油37毫升，蛋糕油10克，蛋黄2个

工具

电动搅拌器、裱花袋、刮板、玻璃碗各1个，蛋糕刀、剪刀各1把，烤箱1台，烘烤油纸、白纸各1张，筷子1根

烤制

烤箱中层，上火170℃，下火190℃，烤20分钟

详细制作过程

1 鸡蛋装碗，加细砂糖，用电动搅拌器打发至起泡。

2 倒入适量水，放入低筋面粉、蛋糕油，搅拌均匀。

3 倒入剩余的水，加入色拉油，搅拌匀，制成面糊。

4 取烤盘，铺上烘焙油纸，倒入面糊，用刮板抹匀。

5 将蛋黄拌匀，倒入裱花袋中，用剪刀将尖端剪开。

6 蛋黄液快速淋到面糊上，用筷子在其表层反向划动。

7 将烤盘放入烤箱中，温度调成上火170℃、下火190℃，烤20分钟至熟。

8 取出烤盘，将蛋糕反扣在白纸上，撕掉粘在蛋糕上的烘焙油纸。

9 将蛋糕边缘切平整，切几份后沿对角线切开即可。

巧克力海绵蛋糕

▌份量：8块 ▌难易度：★☆☆☆☆

🧁 配方

鸡蛋335克，细砂糖155克，低筋面粉125克，食粉2.5克，纯牛奶50毫升，色拉油28毫升，可可粉50克

🥄 工具

长柄刮板、电动搅拌器、玻璃碗各1个，蛋糕刀1把，烤箱1台，烘焙油纸、白纸各1张

🍞 烤制

烤箱中层，上、下火均170℃，烤20分钟

👨‍🍳 详细制作过程

1 将鸡蛋、细砂糖装碗，用电动搅拌器拌匀成蛋液。

2 在低筋面粉中倒入食粉、可可粉。

3 将混合好的材料倒入蛋液中，快速搅拌匀。

4 倒入纯牛奶、色拉油，快速拌匀，制成蛋糕浆。

5 在烤盘铺一张烘焙油纸，倒入蛋糕浆，抹匀。

6 将烤盘放入烤箱，以上火170℃、下火170℃的温度，烤20分钟至熟，取出烤盘。

7 在案台上铺一张白纸，将烤盘倒扣在白纸一端，撕去粘在蛋糕底部的烘焙油纸。

8 把白纸另一端盖住蛋糕，将其翻面。

9 用蛋糕刀将蛋糕切成三角形，装入盘中即成。

玛芬
蛋糕类

零失败小贴士

搅拌细砂糖的时间可以稍微长一些，这样成品的味道会更好。

蔓越莓玛芬蛋糕

▌份量：4个 ▌难易度：★★☆☆☆

🧁 配方

低筋面粉100克，细砂糖30克，泡打粉6克，盐1.25克，鸡蛋20克，牛奶80毫升，色拉油30毫升，蔓越莓酱40克

🍴 工具

裱花袋1个，剪刀1把，蛋糕纸杯4个，电动搅拌器、玻璃碗各1个，烤箱1台

🍞 烤制

烤箱中层，上火200℃，下火200℃，烤15分钟

👨‍🍳 详细制作过程

❶ 将细砂糖、鸡蛋倒入玻璃碗中，搅拌匀，至糖分溶化，加入泡打粉，搅拌匀。

❷ 加盐，拌匀，再倒入低筋面粉，拌匀。

❸ 分次倒入牛奶，搅拌均匀。

❹ 倒入色拉油，一边倒一边搅拌，使材料充分融合。

❺ 加入备好的蔓越莓酱，拌匀，至材料成细滑的面糊，待用。

❻ 取一裱花袋，盛入拌好的面糊。

❼ 收紧袋口，在袋底剪出一个小孔。

❽ 再挤入蛋糕纸杯中，至六分满，制成生坯。

❾ 将烤箱预热好，放入生坯。

❿ 关好烤箱门，以上、下火均200℃的温度烤约15分钟，取出，摆盘即成。

咖啡提子玛芬

份量：6个 | **难易度：★★☆☆☆**

配方

低筋面粉150克，酵母3克，咖啡粉150克，香草粉10克，牛奶150毫升，细砂糖100克，鸡蛋2个，色拉油10毫升，提子干适量

工具

玻璃碗1个，长柄刮板1把，电动搅拌器1个，烤箱1台，蛋糕模具1个，蛋糕纸杯数个

烤制

烤箱中层，上、下火均200℃，烤20分钟

详细制作过程

1 将鸡蛋、细砂糖装碗，用电动搅拌器搅匀。

2 加入酵母、香草粉、咖啡粉，稍稍拌匀。

3 倒入低筋面粉，充分搅匀。

4 倒入色拉油，一边倒一边搅匀。

5 缓缓倒入牛奶，不停搅拌。

6 倒入提子干，拌匀，制成蛋糕浆。

7 备好蛋糕模具，放入蛋糕纸杯，用长柄刮板将拌好的蛋糕浆逐一刮入蛋糕纸杯中，至七、八分满。

8 将蛋糕模具放入烤箱中，以上火200℃、下火200℃的温度，烤20分钟至熟。

9 取出蛋糕模具，装盘即可。

巧克力奶油玛芬蛋糕

▎份量：6个 ▎难易度：★★☆☆☆

配方

鸡蛋210克，盐3克，色拉油15克，牛奶40毫升，低筋面粉250克，泡打粉8克，糖粉160克，可可粉40克，打发好的植物鲜奶油80克

烤制

烤箱中层，上火180℃，下火160℃，烤15分钟

详细制作过程

1 将鸡蛋装碗，加糖粉、盐，用电动搅拌器搅匀。

2 加入泡打粉、低筋面粉，搅成糊状。

3 倒入牛奶、色拉油，搅拌，搅成纯滑的蛋糕浆。

4 把蛋糕浆装入裱花袋里，用剪刀剪开一小口。

5 将植物鲜奶油加可可粉拌匀，装入另一裱花袋里。

6 把蛋糕浆挤入烤盘蛋糕杯中，装约7分满。

7 将烤箱温度调为上火180℃、下火160℃，预热5分钟，放入蛋糕生坯，烘烤15分钟至熟。

8 取出蛋糕，逐个挤上适量可可粉奶油，装盘即可。

工具

电动搅拌器、玻璃碗、长柄刮板、裱花嘴、蛋糕杯各1个，裱花袋2个，剪刀1把，烤箱1台

奶油玛芬蛋糕

▎份量：4个 ▎难易度：★★★☆☆

零失败小贴士

在糕点制作前20分钟，先把烤箱预热到所需温度，以待用。

🧁 **配方**

全蛋210克，盐3克，色拉油15克，牛奶40毫升，低筋面粉250克，泡打粉8克，打发好的植物鲜奶油90克，糖粉160克，彩针适量

🍞 **工具**

电动搅拌器、裱花嘴、玻璃碗各1个，裱花袋2个，蛋糕纸杯数个，剪刀1把，烤箱1台

🍞 **烤制**

烤箱中层，上火180℃，下火160℃，烤5分钟

👨‍🍳 **详细制作过程**

❶把全蛋倒入碗中，加入糖粉、盐，用电动搅拌器快速搅匀。

❷加入泡打粉、低筋面粉，搅成糊状。

❸倒入牛奶，搅匀。

❹加入色拉油，搅匀成纯滑的蛋糕浆。

❺把蛋糕浆装入裱花袋里，用剪刀剪开一小口。

❻把蛋糕浆挤入烤盘中的蛋糕纸杯里，装约六分满。

❼将烤箱的温度调为上火180℃、下火160℃，预热5分钟。

❽打开烤箱门，将蛋糕生坯放入烤箱里。

❾关上烤箱门，烘烤5分钟至熟。

❿戴上隔热手套，打开烤箱门，取出烤好的蛋糕。

⓫把打发好的植物奶油装入套有裱花嘴的裱花袋里。

⓬将植物鲜奶油挤在蛋糕上，装盘，逐个撒上适量彩针即可。

芝士
蛋糕类

零失败小贴士

可将饼干倒入保鲜袋中，用擀面杖擀
至成饼干碎，以便缩短碾碎时间。

樱桃芝士蛋糕

▌份量：1个　▌难易度：★☆☆☆☆

🧁 配方

饼干80克，黄油45克，芝士200克，白糖40克，鸡蛋2个，牛奶30毫升，玉米淀粉15克，吉利丁片4片，红樱桃适量

🍴 工具

搅拌器、长柄刮板各1个，玻璃碗2个，勺子1个，蛋糕刀1把，擀面杖1根，圆形模具1个，奶锅1个

👨‍🍳 详细制作过程

1 把饼干装入碗中，用擀面杖捣碎。

2 加入黄油，搅拌均匀。

3 把制好的黄油饼干糊装入圆形模具中，用勺子压实、压平，制成蛋糕底衬。

4 吉利丁片装入清水中浸泡2分钟。

5 牛奶倒入锅中，加入白糖，搅拌均匀。

6 放入芝士，搅拌均匀。

7 在锅中再加入吉利丁片，再倒入玉米淀粉，将其搅拌均匀。

8 加入鸡蛋，搅匀。

9 蛋糕浆制成。

10 将蛋糕浆倒在饼干糊上，用长柄刮板抹平。

11 放入洗净的红樱桃，制成芝士蛋糕生坯，将其放入冰箱中冷冻2小时至定形后取出。

12 取走蛋糕模具外壁。

13 用蛋糕刀划过蛋糕底部，取下蛋糕。

14 将樱桃芝士蛋糕装入盘中即可。

抹茶冻芝士

份量：1个 ┃ 难易度：★☆☆☆☆

零失败小贴士

可依照个人喜好，适当增加芝士的用量。

🧁 配方

饼干90克，黄油50克，芝士200克，植物奶油180克，吉利丁片3片，白糖50克，抹茶粉5克

🍴 工具

搅拌器、勺子各1个，玻璃碗2个，擀面杖1根，蛋糕刀1把，圆形模具1个，奶锅1个

👨‍🍳 详细制作过程

❶把饼干装入碗中，用擀面杖捣碎。

❷加入黄油，用擀面杖搅拌均匀。

❸把黄油饼干糊装入圆形模具中，用勺子压实、压平，制成蛋糕底衬。

❹将吉利丁片放入清水中浸泡2分钟。

❺把植物奶油倒在锅中，搅拌均匀。

❻加入白糖，搅拌。

❼将泡好的吉利丁片放入锅中，用搅拌器搅拌至溶化。

❽放入芝士。

❾拌匀，煮至溶化。

❿加入抹茶粉，拌匀，制成芝士糊。

⓫将芝士糊倒入饼干糊，再放入冰箱中，冷冻2小时至定形。

⓬取出蛋糕，脱模后将其装盘即可。

零失败小贴士

榴莲肉可事先搅成泥状后加入，这样成品的口感更细致。

榴莲冻芝士蛋糕

█ 份量：1个　█ 难易度：★☆☆☆☆

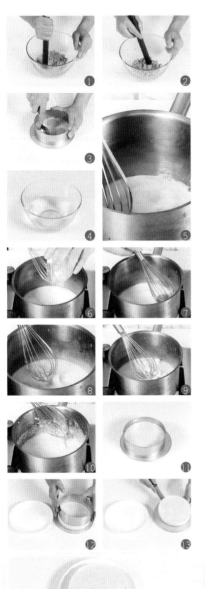

🧁 配方

饼干90克，黄油50克，芝士120克，植物奶油130克，牛奶30毫升，吉利丁片2片，白糖50克，榴莲肉适量

🍳 工具

搅拌器、勺子各1个，玻璃碗2个，擀面杖1根，圆形模具1个，蛋糕刀1把，奶锅1个

🧁 详细制作过程

1 把饼干装入碗中，用擀面杖捣碎。

2 加入黄油，搅拌均匀。

3 把黄油饼干糊装入圆形模具中，用勺子压实、压平，即成蛋糕底衬。

4 吉利丁片放入清水中侵泡2分钟。

5 把牛奶倒入锅中，加入白糖，拌匀。

6 加入植物奶油，搅拌均匀。

7 放入泡软的吉利丁片，搅拌。

8 锅中放入适量榴莲肉，将其搅匀。

9 加入芝士。

10 搅拌，煮至溶化，制作成芝士浆。

11 将煮好的芝士浆倒入蛋糕底衬中，抹匀表面，再将其放入冰箱中冷冻2小时至定形后取出。

12 取走蛋糕模具外壁。

13 用蛋糕刀划过蛋糕底部，取下蛋糕。

14 将榴莲芝士蛋糕装入盘中即可。

零失败小贴士

蛋糕糊中加入粉类拌匀时要用慢速，否则易起筋和消泡。

可可戚风蛋糕

份量：4个 **难易度：★★☆☆☆**

🧁 配方

细砂糖125克，蛋白3个，塔塔粉2克，蛋黄3个，色拉油30毫升，低筋面粉60克，玉米淀粉50克，泡打粉2克，可可粉15克，水30毫升，打发好的鲜奶油40克

🥄 工具

电动搅拌器、搅拌器、三角铁板、长柄刮板各1个，木棍1根，玻璃碗2个，蛋糕刀1把，烤箱1台，烘焙油纸、白纸各1张

👨‍🍳 烤制

烤箱中层，上火180℃，下火160℃，烤20分钟

🧁 详细制作过程

1 将水、30克细砂糖、低筋面粉、玉米淀粉拌匀。

2 倒入色拉油，搅拌均匀。

3 加入塔塔粉、可可粉，搅拌匀。

4 再加入蛋黄，搅拌成糊状，即成蛋黄部分。

5 将蛋白倒入容器中，用电动搅拌器快速打至发白。

6 放入95克细砂糖，搅拌匀。

7 加入塔塔粉，快速打发至鸡尾状，即成蛋白部分。

8 用长柄刮板将一半的蛋白倒入拌好的蛋黄中，拌匀。

9 将拌好的材料倒入剩余的蛋白中，拌匀。

10 把混匀的材料倒入铺有烘焙油纸的烤盘中，抹匀。

11 将烤箱温度调成上火180℃、下火160℃，放入烤盘，烤20分钟，至其熟透，取出。

12 将蛋糕翻转过来，倒在白纸上。

13 去除粘在蛋糕上的烘焙油纸，均匀地抹上鲜奶油。

14 用木棍将白纸卷起，把蛋糕卷成圆筒状。

15 打开白纸，切去两边不平整的部位，切四等份。

16 将蛋糕装入盘中即可。

原味戚风蛋糕

| 份量：1个 | 难易度：★☆☆☆☆

 配方

蛋白140克，细砂糖140克，塔塔粉2克，蛋黄60克，水30毫升，食用油30毫升，低筋面粉70克，玉米淀粉55克；泡打粉2克

🍞 烤制

烤箱中层，上火180℃，下火160℃，烤25分钟

🍰 详细制作过程

1 取一个容器，加入蛋黄、水、食用油、低筋面粉、玉米淀粉、30克细砂糖、泡打粉，搅拌均匀。

2 将蛋白、细砂糖、塔塔粉用电动搅拌器搅成鸡尾状。

3 将拌好的蛋白部分加入到蛋黄里，搅拌搅匀。

4 将搅拌好的面糊倒入模具中，倒至六分满。

5 将模具放入预热好的烤箱内，上火调为180℃，下火调为160℃，时间定为25分钟，烤至面糊松软。

6 待25分钟后，戴上隔热手套取出烤盘，放凉。

7 用蛋糕刀贴着模具四周，将蛋糕跟模具分离。

8 再将底盘去除，将蛋糕倒在盘子上即可。

🍴 工具

电动搅拌器、搅拌器、长柄刮板、圆形模具各1个，玻璃碗2个，蛋糕刀1把，烤箱1台

水果蛋糕

份量：1个 | 难易度：★★☆☆☆

🧁 配方

戚风蛋糕1个，香橙果酱、提子、猕猴桃、蓝莓、打发好的植物奶油、巧克力片各适量

🍴 工具

蛋糕转盘1个，蛋糕刀、抹刀、小刀各1把

👨‍🍳 详细制作过程

1 洗净的提子对半切开，剔籽。

2 洗净的猕猴桃去皮，切成片状待用。

3 将戚风蛋糕放在转盘上，用蛋糕刀横着对半切开。

4 将上面一部分拿下来，用抹刀均匀地在上面抹上一层植物奶油。

5 把另一部分盖上，倒入剩下的植物奶油。

6 用植物奶油均匀地涂抹到蛋糕上，四面抹至平滑。

7 倒入香橙果酱，抹匀，使果酱自然流下。

8 用抹刀切进蛋糕的底部，翘起蛋糕，装入盘中。

9 将巧克力片插在蛋糕上，做好造型，再将备好的水果撒在蛋糕上装饰即可。

慕斯
蛋糕类

零失败小贴士

蛋糕要经过完全冷冻至成型后，才
能从冰箱中取出。

芒果慕斯蛋糕

┃份量：1个　┃难易度：★☆☆☆☆

🧁 配方

海绵蛋糕1个，芒果肉粒200克，细砂糖40克，鱼胶粉9克，水40毫升，植物鲜奶油250克，白兰地5毫升，QQ糖15克，橙汁45毫升

🍴 工具

蛋糕刀1把，圆形模具1个，搅拌器1个，奶锅1个

🍰 详细制作过程

❶用蛋糕刀将海绵蛋糕顶部切平整，再分切成3片。

❷取一片蛋糕放入圆形模具里，待用。

❸把水倒入锅中，加入鱼胶粉、白兰地搅匀，再加入细砂糖，搅拌，煮至融化。

❹倒入橙汁，搅拌均匀，再加入植物鲜奶油，拌匀。

❺倒入芒果肉粒，搅拌均匀，制成芒果慕斯浆。

❻取适量芒果慕斯浆倒入装在圆形模具里的蛋糕片上。

❼盖上一片蛋糕。

❽再倒入适量芒果慕斯浆。

❾放上QQ糖，再将生坯放入冰箱中，冷冻2小时至成型。

❿将冷冻好的蛋糕取出，脱模，装入盘中即可。

凤梨慕斯蛋糕

份量：1个 ┃ 难易度：★☆☆☆☆

零失败小贴士

菠萝肉搅成泥状，越细腻越好，这样有助于制成纯滑的慕斯浆。

配方

海绵蛋糕1个，菠萝肉泥220克，细砂糖25克，水10毫升，白兰地5毫升，蛋清20克，植物鲜奶油200克，鱼胶粉10克

工具

蛋糕刀1把，圆形模具1个，搅拌器1个，奶锅1个

详细制作过程

❶用蛋糕刀将海绵蛋糕顶部切平整，再分切成3片。

❷取一片蛋糕放入圆形模具里，待用。

❸将白兰地、水倒入锅中，加入鱼胶粉，搅匀。

❹加入细砂糖，搅拌均匀。

❺加入植物鲜奶油，搅拌均匀，用小火煮至融化。

❻加入菠萝肉泥，搅拌均匀。

❼加入蛋清，搅拌均匀，制成慕斯浆。

❽取适量慕斯浆，倒在装入圆形模具的蛋糕片上。

❾盖上一片蛋糕。

❿再倒入适量慕斯浆，制成生坯，再放入冰箱中，冷冻2小时至成型。

⓫将冻好的蛋糕取出，脱模。

⓬把蛋糕装盘即可。

巧克力慕斯蛋糕

份量：1个　**难易度：★☆☆☆☆**

🧁 配方

牛奶100毫升，蛋黄2个，黑巧克力150克，植物鲜奶油250克，细砂糖20克，鱼胶粉8克，水30毫升，饼干90克，黄油15克

🍴 工具

擀面杖1根，圆形模具、搅拌器、玻璃碗各1个，勺子1个，奶锅1个

🍲 详细制作过程

1 把饼干倒入碗中，用擀面杖捣碎。

2 加入黄油，搅拌均匀。

3 把黄油饼干糊装入模具中，用勺子压实、压平。

4 把水倒入锅中，加入鱼胶粉、牛奶、细砂糖，搅匀，用小火煮至融化。

5 放入黑巧克力，搅拌，煮至融化。

6 加入植物鲜奶油，拌匀。

7 加入蛋黄，拌匀，制成慕斯浆。

8 把慕斯浆倒在模具饼干糊上，制成慕斯蛋糕生坯，再放入冰箱，冷冻2小时。

9 把冻好的慕斯蛋糕取出，脱模，装盘即可。

提子慕斯

份量：3份　难易度：★☆☆☆☆

🧁 配方

吉利丁片10克，牛奶250克，柠檬汁5毫升，蜂蜜20克，提子250克，巧克力片适量

🍴 工具

搅拌器、玻璃碗各1个，小刀1把，奶锅1个

🍰 详细制作过程

1 洗净的提子切成厚薄均匀的片状，剔去籽。

2 取一个容器，倒入适量清水，将准备好的吉利丁片放入泡软。

3 准备一口奶锅置于灶上，倒入牛奶，开小火加热。

4 再加入蜂蜜、柠檬汁，搅拌一片刻。

5 将吉利丁片捞出，沥干水分，再放入奶锅中，搅拌至融化。

6 关火，将切好的葡萄放入锅中，搅拌均匀。

7 将煮好的材料倒入模具中，放置凉了，再将模具放入冰箱冷藏1小时至完全凝固。

8 将蛋糕拿出，插上巧克力片、提子作装饰即可。

其他
蛋糕类

零失败小贴士

倒入香芋色香油后要搅拌均匀，否
则烤出的蛋糕颜色不均匀。

香芋蛋卷

┃份量：4个 ┃难易度：★★☆☆☆

🧁 配方

蛋黄3个，色拉油30毫升，低筋面粉60克，玉米淀粉50克，泡打粉2克，水30毫升，细砂糖125克，蛋白3个，塔塔粉2克，香芋色香油、香橙果浆各适量

🥄 工具

搅拌器、电动搅拌器、长柄刮板各1个，玻璃碗2个，抹刀、蛋糕刀各1把，木棍1根，烘焙油纸、白纸各1张

🍞 烤制

烤箱中层，上火180℃，下火160℃，烤20分钟

👨‍🍳 详细制作过程

1 碗中倒入水、30克细砂糖、色拉油、低筋面粉。

2 倒入玉米淀粉、蛋黄、泡打粉拌匀，即成蛋黄部分。

3 将蛋白倒入另一个玻璃碗中，用电动搅拌器打发。

4 加入95克细砂糖，快速打发。

5 放入塔塔粉，打发至其呈鸡尾状，即成蛋白部分。

6 将一半蛋白部分倒入蛋黄部分中，搅拌均匀。

7 将拌好的材料倒入剩余的蛋白部分中，搅拌匀。

8 加入香芋色香油，用长柄刮板拌匀成香芋蛋糕浆。

9 将蛋糕浆倒入铺有烘焙油纸的烤盘中，抹匀，震平。

10 把烤盘放入烤箱，将烤箱温度调成上火180℃、下火160℃，烤20分钟至熟，取出放凉。

12 蛋糕倒放在白纸上，撕掉粘在蛋糕上的烘焙油纸。

13 再将蛋糕翻过来，均匀地抹上香橙果浆。

14 用木棍卷起白纸，把蛋糕卷成圆筒状，静置片刻。

15 打开白纸，切去两边不平整的部分，切四等份。

16 将蛋卷装入盘中即可。

瓦那蛋糕

▎份量：12个 ▎难易度：★★☆☆☆

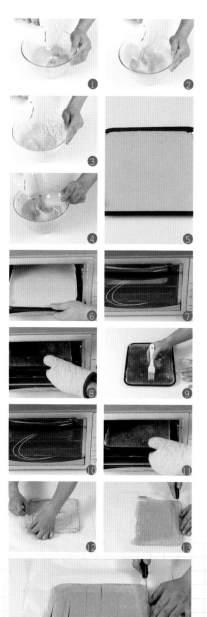

🧁 配方

鸡蛋5个，蛋黄20克，细砂糖180克，纯牛奶35毫升，低筋面粉145克，泡打粉1克，黄油150克，盐1克

🥖 工具

电动搅拌器、玻璃碗各1个，刷子、蛋糕刀各1把，烤箱1台，烘焙油纸、白纸各1张

🍳 烤制

烤箱中层，上火170℃，下火130℃，烤25分钟

👨‍🍳 详细制作过程

1 将细砂糖倒入玻璃碗中，加入鸡蛋，用电动搅拌器快速搅匀。

2 加入黄油，搅拌均匀。

3 倒入10克蛋黄、泡打粉、盐、低筋面粉，搅拌成糊状。

4 加入纯牛奶，并快速搅拌成纯滑的蛋糕浆。

5 把蛋糕浆倒入铺有烘焙油纸的烤盘里，静置片刻至浆面平整。

6 把烤盘放入预热好的烤箱里。

7 关上箱门，以上火170℃、下火130℃的温度烤20分钟。

8 打开箱门，取出蛋糕。

9 在蛋糕上均匀地抹一层蛋黄液。

10 将蛋糕放回烤箱，关上箱门，再烤5分钟。

11 打开箱门，取出烤好的蛋糕。

12 蛋糕倒扣在白纸上，撕掉粘在蛋糕上的烘焙油纸。

13 用蛋糕刀将蛋糕边缘切齐整。

14 再将蛋糕切成长方块，装入盘中即可。

草莓卷

┃ 份量: 4个 ┃ 难易度: ★★★☆☆

🧁 配方

蛋黄3个, 色拉油30毫升, 低筋面粉60克, 玉米淀粉50克, 泡打粉2克, 细砂糖125克, 水30毫升, 蛋白3个, 塔塔粉2克, 草莓100克, 草莓粒30克, 打发好的鲜奶油适量

🥄 工具

搅拌器、电动搅拌器、长柄刮板、三角铁板各1个, 玻璃碗2个, 木棍1根, 烤箱1个, 烘焙油纸、白纸各1张

🍞 烤制

烤箱中层, 上火180℃, 下火160℃, 烤20分钟

👨‍🍳 详细制作过程

1 将水、30克细砂糖倒入玻璃碗中, 用搅拌器拌匀。

2 倒入色拉油, 拌匀。

3 加低筋面粉、玉米淀粉、泡打粉、蛋黄拌匀成蛋黄部分。

4 将蛋白、95克细砂糖装碗, 用电动搅拌器快速拌匀。

5 倒入塔塔粉拌匀, 至其呈鸡尾状, 即成蛋白部分。

6 将一半蛋白部分倒入蛋黄部分中, 用长柄刮板拌匀。

7 将拌好的材料倒入剩余的蛋白部分中, 拌匀。

8 在烤盘上铺好烘焙油纸, 倒入拌好的材料, 抹匀。

9 在上面撒上草莓粒, 使之稍微下沉一点。

10 将烤盘放入烤箱, 以上火180℃、下火160℃的温度, 烤20分钟至熟, 取出。

11 倒扣在白纸上, 拿走烤盘。

12 撕掉粘在蛋糕上的烘焙油纸。

13 抹上适量鲜奶油。

14 在距离蛋糕边2厘米处摆上洗净的草莓。

15 用木棍卷起白纸, 把蛋糕卷成圆筒状, 静置片刻。

16 打开白纸, 将蛋糕两端切平整, 切成四等份即可。

美式芝麻蛋糕

▌份量：2个 ▌难易度：★☆☆☆☆

🧁 配方

低筋面粉40克，黑芝麻少许，蛋白3个，细砂糖30克，白芝麻适量

🍴 工具

电动搅拌器、长柄刮板、筛网、三角铁板、模具、玻璃碗各1个，烤箱1台

🍞 烤制

烤箱中层，上、下火均170℃，烤20分钟

👨‍🍳 详细制作过程

1 将蛋白、细砂糖倒入玻璃碗中，用电动搅拌器打发至起泡。

2 将低筋面粉过筛至碗中，搅拌均匀。

3 加入黑芝麻、白芝麻，拌匀，即成面糊。

4 将面糊倒入模具中，抹平。

5 轻摔模具，使面糊震平。

6 把烤箱温度调成上火170℃、下火170℃，预热。

7 将模具放入预热好的烤箱中，烤20分钟至熟。

8 打开烤箱门，取出模具。

9 将烤好的蛋糕脱模，倒扣在盘中即可。

PART 4

饼干篇

　　饼干小巧精致，源自法国，其词源是指"烤过两次的面包"。饼干属于西点的一种，主要是利用面粉加水或牛奶而烤出来的，特点是不放酵母。本章中将饼干分为苏打饼干、曲奇饼干、奶香饼干、坚果饼干、巧克力饼干等几类，看看其中是否有你爱不释手的一款。

零失败小贴士

可以在烤好的饼干上撒适量芝士
碎，这样吃起来会更香。

黄金芝士苏打饼干

┃份量：18块 ┃难易度：★★☆☆☆

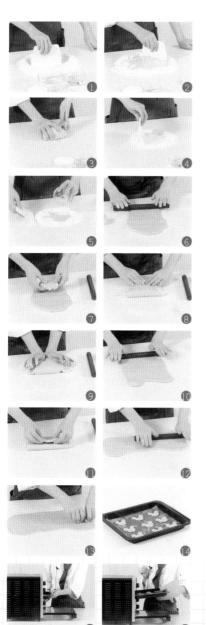

🧁 配方
低筋面粉260克，水100毫升，色拉油62毫升，酵母3克，小苏打2克，芝士10克

🍞 工具
刮板1个，高温布1张，擀面杖1根，饼干模具1个，烤箱1台

👨‍🍳 烤制
烤箱中层，上火160℃，下火160℃，烤20分钟

🍲 详细制作过程

1 将200克低筋面粉、酵母、小苏打拌匀，开窝。

2 加入40毫升色拉油、水、芝士，稍稍拌匀。

3 刮入低筋面粉混匀，揉成纯滑面团，即成油皮。

4 往案台上倒入60克低筋面粉，用刮板开窝。

5 加入剩余色拉油，刮入低筋面粉，揉搓成纯滑面团，即成油心。

6 往案台上撒少许面粉，放上油皮，用擀面杖将其均匀擀薄至面饼状。

7 将油心用手按压一下，放在油皮面饼的一端。

8 用油皮面饼的另外一端盖住面团。

9 用手压紧面饼四周。

10 用擀面杖将裹有面团的面皮擀薄。

11 将擀薄的饼坯两端往中间对折。

12 再用擀面杖擀薄。

13 用饼干模具按压饼坯，取出数个饼干生坯。

14 烤盘垫一层高温布，将饼干生坯装入烤盘。

15 烤盘入烤箱，以上、下火均160℃的温度烤15分钟。

16 取出烤盘，将烤好的饼干装盘即可。

可在饼干生坯上刷适量蛋黄，这样
烤出来的饼干色泽会更好。

高钙奶盐苏打饼干

┃份量：16块　┃难易度：★★☆☆☆

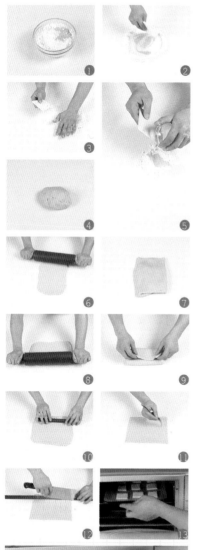

🧁 配方

低筋面粉130克，黄油20克，鸡蛋1个，食粉1克，酵母2克，盐1克，水40毫升，色拉油10毫升，奶粉10克

🍴 工具

刮板、擀面杖、叉子、玻璃碗各1个，量尺、菜刀各1把，烤箱1台，高温布1张

🍳 烤制

烤箱中层，上火160℃，下火160℃，烤20分钟

🍲 详细制作过程

1 将奶粉放到100克低筋面粉中，加入酵母、食粉。

2 倒在案台上，用刮板开窝，倒入水、鸡蛋，搅散。

3 刮入低筋面粉，混合均匀。

4 加入黄油，揉搓成面团。

5 将30克低筋面粉倒在案台上，加入色拉油、盐，混合均匀，揉搓成小面团。

6 用擀面杖将大面团擀成面皮。

7 把小面团放在面皮上，压扁，面皮两端向中间对折。

8 用擀面杖将面团擀平。

9 将面团两端向中间对折。

10 再用擀面杖擀成方形面皮。

11 用刀将面皮边缘切齐整，用叉子在面皮上扎上均匀的小孔。

12 把面皮切成长条块，再切成方块，制成饼坯。

13 将饼坯放入铺有高温布的烤盘里，放入预热好的烤箱里。

14 关上箱门，以上火170℃、下火170℃的温度，烤15分钟至熟，取出装盘即可。

海苔苏打饼干

份量：20块　｜　难易度：★★★☆☆

 配方

低筋面粉130克，奶粉10克，海苔5克，水40毫升，黄油30克，盐、酵母、苏打粉各少许

工具

擀面杖1根，刮板、圆形模具各1个，叉子1把，烤箱1台，高温布1张

烤制

烤箱中层，上、下火均200℃，烤10分钟

详细制作过程

1 将低筋面粉、酵母、苏打粉、盐充分混匀。

2 在中间掏一个窝，倒入水，用刮板拌至水被吸收。

3 加黄油、海苔，边翻搅边按压，混匀成光滑面团。

4 在面板上撒些许低筋面粉，放上面团，用擀面杖将面团擀制成0.1厘米的面皮。

5 用模具按压在面皮上，压出大小一致的圆形面皮。

6 在烤盘内垫入高温布，将圆形面皮放入烤盘内。

7 用叉子依次在每个面片上戳上装饰花纹。

8 将烤盘放入预热好的烤箱内，温度调为上火200℃、下火200℃，时间定为10分钟，烤至饼干松脆。

9 10分钟后，将烤盘取出，将放凉的饼干装盘即可。

苏打饼干

▌份量：24块 ▌难易度：★★★☆☆

🧁 配方

酵母6克，水140克，低筋面粉300克，盐2克，苏打粉2克，黄油60克

🍞 烤制

烤箱中层，上火200℃，下火200℃，烤10分钟

🍳 详细制作过程

1 将低筋面粉、酵母、苏打粉、盐充分混匀。

2 在中间掏一个窝，倒入水，用刮板拌至水被吸收。

3 加入黄油，边翻搅边按压，混匀成平滑面团。

4 面板上撒些面粉，放上面团，擀成0.1厘米的面皮。

5 将面皮四周修平整，切成大小一致的长方片。

6 在烤盘内垫入高温布，将切好的面皮整齐地放入烤盘内，用叉子依次在每个面片上戳上装饰花纹。

7 将烤盘放入预热好的烤箱内，上火温度调为200℃，下火调为200℃，烤10分钟，至饼干松脆。

8 待10分钟后，取出烤盘，将放凉的饼干装盘即可。

🍴 工具

刮板1个，擀面杖1根，叉子、菜刀各1把，烤箱1台，高温布1张

曲奇
饼干类

零失败小贴士

待黄油变软后再使用，这样更容易
搅拌匀。

罗蜜雅饼干

份量: 20块 | 难易度: ★★☆☆☆

🧁 配方

黄油95克,糖粉50克,蛋黄15克,低筋面粉135克,糖浆30克,杏仁片适量

🥄 工具

电动搅拌器、长柄刮板、三角铁板、裱花嘴各1个,裱花袋、玻璃碗各2个,烤箱1台,高温布1张

🍞 烤制

烤箱中层,上火180℃,下火150℃,烤15分钟

🍰 详细制作过程

❶ 将80克黄油倒入玻璃碗中,加入糖粉,用电动搅拌器搅匀。

❷ 加入蛋黄,快速搅拌均匀。

❸ 倒入低筋面粉,用长柄刮板搅拌匀,制成面糊。

❹ 把面糊装入套有裱花嘴的裱花袋里,即成饼皮。

❺ 将15克黄油、杏仁片、糖浆倒入碗中,用三角铁板拌匀,装入裱花袋里。

❻ 将面糊挤在铺有高温布的烤盘里,制成饼坯。

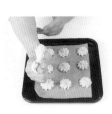

❼ 用三角铁板将饼坯中间部位压平。

❽ 挤上适量馅料。

❾ 饼坯放入预热好的烤箱,以上火180℃、下火150℃的温度烤15分钟至熟。

❿ 打开箱门,取出烤好的饼干,装入盘中即可。

奶香曲奇

份量：16块　**难易度**：★☆☆☆☆

配方

黄油75克，糖粉20克，蛋黄15克，细砂糖14克，淡奶油15克，低筋面粉80克，奶粉30克，玉米淀粉10克

烤制

烤箱中层，上火180℃，下火150℃，烤15分钟

详细制作过程

1 玻璃碗中加入糖粉、黄油，用电动搅拌器搅匀。

2 至其呈乳白色后加入蛋黄，继续搅拌。

3 依次加入细砂糖、淡奶油、玉米淀粉、奶粉、低筋面粉，充分搅拌均匀。

4 用长柄刮板将搅拌匀的材料搅拌片刻。

5 裱花嘴装入裱花袋，剪一小口，装入拌好的材料。

6 烤盘上铺烘焙油纸，将材料在烤盘上挤出长条形。

7 将装有饼坯的烤盘放入烤箱，以上火180℃、下火150℃的温度，烤15分钟至熟。

8 将烤盘取出，将曲奇饼装入盘中即可。

工具

电动搅拌器、长柄刮板、玻璃碗、裱花嘴、裱花袋各1个，烤箱1台，烘焙油纸1张

奶酥饼

份量：10块 难易度：★☆☆☆☆

🧁 配方

黄油120克，盐3克，蛋黄40克，低筋面粉180克，糖粉60克

🍞 烤制

烤箱中层，上火180℃，下火190℃，烤15分钟

🍰 详细制作过程

1 将黄油倒入玻璃碗中，加入盐、糖粉，用电动搅拌器快速搅匀。

2 分次加入蛋黄，并搅拌均匀。

3 将低筋面粉过筛，用长柄刮板拌匀，制成面糊。

4 把面糊装入套有裱花嘴的裱花袋里，剪开一个小口。

5 以画圈的方式把面糊挤在铺有高温布的烤盘里，制成饼坯。

6 把饼坯放入预热好的烤箱里。

7 关箱门，以上火180℃、下火190℃的温度烤15分钟。

8 打开箱门，取出烤好的饼干，装入盘中即可。

🍴 工具

电动搅拌器、长柄刮板、玻璃碗、筛网、裱花袋、裱花嘴各1个，烤箱1台，高温布1张

罗曼咖啡曲奇

份量：12块 ┃ 难易度：★★☆☆☆

零失败小贴士

袋底的小孔不宜太大，以免挤出的
面糊的形状不好看。

黄油62克，糖粉50克，蛋白22克，咖啡粉5克，开水5
毫升，香草粉5克，杏仁粉35克，低筋面粉80克

🥄 工具

裱花袋、裱花嘴各1个，剪刀1把，
油纸1张，电动搅拌器1个，玻璃碗
2个，烤箱1台，烘焙油纸1张

🍰 烤制

烤箱中层，上火180℃，下火160℃，烤10分钟

👨‍🍳 详细制作过程

❶将糖粉、黄油倒
入玻璃碗中，快速拌
匀，使黄油溶化。

❷倒入蛋白，快速拌
匀，至食材融合成蛋
糊，待用。

❸将开水注入咖啡粉
中，晃动几下，至咖
啡粉完全融化，制成
咖啡液，待用。

❹往蛋糊中加入调好
的咖啡液，快速搅拌
均匀。

❺倒入香草粉，拌
匀，再撒上杏仁粉，
拌匀。

❻倒入低筋面粉，搅
拌均匀。

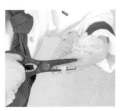

❼将材料搅拌至呈细
腻的面糊状，待用。

❽取裱花袋套上裱
花嘴，盛入拌好的面
糊，收紧袋口，剪一
小口，露出裱花嘴。

❾烤盘中垫上烘焙油
纸，挤入适量面糊，
制成数个曲奇生坯。

❿烤箱预热完毕，放
入烤盘。

⓫关上烤箱门，温度
调至上火180℃、下
火160℃，烤约10分
钟，至食材熟透。

⓬断电后取出烤盘，
将烤熟的西饼摆放在
盘中即成。

零失败小贴士

戳小孔时不要戳太深，以免挤入的草莓酱过多而导致烤制时溢出。

希腊可球

份量：12块 ┃ 难易度：★★☆☆☆

配方

低筋面粉100克，黄油80克，糖粉45克，盐1克，鸡蛋20克，草莓果酱适量

工具

筷子1根，刮板、裱花袋各1个，剪刀1把，烤箱1台

烤制

烤箱中层，上火180℃，下火180℃，烤20分钟

详细制作过程

1 操作台上倒入低筋面粉，用刮板开窝。

2 倒入糖粉。

3 加入鸡蛋，用刮板拌匀。

4 刮入低筋面粉，搅拌均匀。

5 倒入黄油，稍稍按压拌匀。

6 加入盐，拌匀，将混合物按压均匀，制成面团。

7 将面团等分成15克一个的小球，稍搓圆后，放入烤盘，备用。

8 用筷子粘少量面粉，在面团顶部戳一个适度的小孔。

9 将草莓果酱装入裱花袋中。

10 用剪刀将袋子尖端剪开一个小口。

11 将草莓果酱挤入戳好的小孔里。

12 预热烤箱，温度调成上火180℃、下火180℃。

13 将烤盘放入预热好的烤箱中，烤20分钟至熟。

14 将烤好的饼干取出，稍放凉后，装盘即可。

奶黄饼

▌ 份量：20块　▌ 难易度：★☆☆☆☆

🧁 配方

鸡蛋2个，细砂糖100克，低筋面粉100克，吉士粉10克

🍞 烤制

烤箱中层，上火150℃，下火150℃，烤10分钟

🍞 详细制作过程

1 将鸡蛋倒入玻璃碗中，加入细砂糖，用电动搅拌器搅拌均匀。

2 加入低筋面粉、吉士粉，快速搅拌均匀，搅成纯滑的面浆。

3 把面浆装入裱花袋里。

4 用剪刀在裱花袋尖角处剪开一个小口。

5 把面浆快速地挤到铺有高温布的烤盘里。

6 将余下的面浆均匀地挤到烤盘里。

7 把烤盘放入预热好的烤箱里。

8 关上箱门，以上火150℃、下火150℃的温度烤10分钟至熟，取出，装入盘中即可。

🥄 工具

电动搅拌器、裱花袋、玻璃碗各1个，剪刀1把，烤箱1台，高温布1张

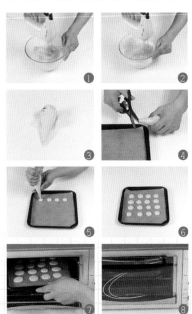

黄油小饼干

| 份量：20块 | 难易度：★☆☆☆☆

配方

低筋面粉150克，糖粉50克，黄油100克，蛋黄20克，盐2克，香草粉2克

工具

刮板、叉子各1个，烤箱1台，烘焙油纸1张

烤制

烤箱中层，上、下火均170℃，烤10分钟

详细制作过程

1 将低筋面粉、香草粉混匀，用刮板搅拌均匀。

2 在中间掏一个窝，加入糖粉、盐、蛋黄，拌匀。

3 加入黄油，混匀，一边翻搅一边按压，制成面团。

4 将面团搓成长条，用刮板切成大小一致的小段。

5 将面团依次搓成圆形，放入铺有烘焙油纸的烤盘，压成圆饼状。

6 用叉子依次在饼坯上压上漂亮的条形花纹。

7 将装有饼坯的烤盘放入预热好的烤箱内。

8 将烤箱的温度调为上火170℃、下火170℃，烤10分钟至饼干松脆。

9 将烤盘取出，待饼干放凉后，装入盘中即可。

葡萄奶酥

▌份量：15块　▌难易度：★★★☆☆

🧁 配方

低筋面粉195克，葡萄干60克，玉米淀粉15克，鸡蛋2个，蛋黄1个，奶粉12克，黄油80克，糖粉50克

🍴 工具

刮板1个，擀面杖1根，刷子、菜刀各1把，烤箱1台，高温布1张

🍞 烤制

烤箱中层，上火170℃，下火170℃，烤15分钟

👨‍🍳 详细制作过程

❶ 将低筋面粉倒在案台上，再倒入奶粉、玉米淀粉，用刮板在中间开一个窝。

❷ 放入糖粉，加入2个鸡蛋，用刮板搅拌均匀。

❸ 放入黄油，将材料混合均匀，揉搓成纯滑的面团。

❹ 把面团压平，倒入葡萄干。

❺ 再将面团压平，揉搓均匀。

❻ 用擀面杖把面团擀成饼状。

❼ 把饼坯边缘切齐整，再切成方块。

❽ 把切好的饼坯放入铺有高温布的烤盘中，刷一层蛋黄液。

❾ 将烤盘放入烤箱，温度调为上下火均170℃，烤15分钟至熟透。

❿ 取出烤好的葡萄奶酥即可。

零失败小贴士

可在饼坯上撒少许黑芝麻，这样烤出来的奶酥会更香。

坚果
饼干类

零失败小贴士

应选用常温保存的鸡蛋，这样蛋白
和蛋黄更容易和其他材料混匀。

杏仁蜂蜜小西饼

┃ 份量：30块 ┃ 难易度：★★☆☆☆

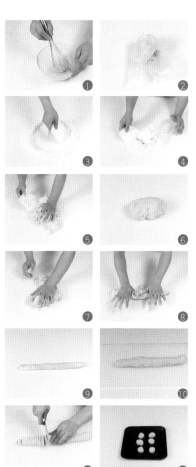

🧁 配方

黄油256.5克，糖粉150克，蛋白21克，低筋面粉252克，柠檬皮末25克，杏仁粉37克，细砂糖2.5克，蜂蜜3克

🍴 工具

搅拌器、刮板、裱花袋、玻璃碗各1个，剪刀、菜刀各1把，烤箱1台，保鲜膜适量

🍞 烤制

烤箱中层，上火150℃，下火150℃，烤15分钟

👨‍🍳 详细制作过程

1 将6.5克黄油、6克蛋白、2克低筋面粉、5克杏仁粉、蜂蜜、细砂糖倒入碗中，用搅拌器搅拌匀成馅料。

2 把拌好的馅料装入裱花袋里，用剪刀剪一小口。

3 将250克低筋面粉倒在案台上，加入32克杏仁粉，用刮板开窝。

4 加250克黄油、糖粉、15克蛋白，刮入低筋面粉。

5 将所有材料混合均匀。

6 揉搓成光滑的面团。

7 加入柠檬皮末，揉搓均匀。

8 把面团搓成长条形。

9 用保鲜膜把面条包裹严实，放入冰箱冷冻1小时，至面团变硬。

10 把冻好的材料取出，去掉保鲜膜。

11 用刀切成厚度适宜的饼坯。

12 把饼坯装入烤盘里。

13 再逐个挤上适量馅料。

14 把生坯放入预热好的烤箱里。

15 关上箱门，温度调为上、下火均150℃，烤15分钟。

16 打开箱门，取出烤好的饼干，装入盘中即可。

花生薄饼

份量：50块 ┃ 难易度：★☆☆☆☆

零失败小贴士

将面糊挤入烤盘时一定要挤得均匀一些，否则会影响成品的外观。

🧁 **配方**

低筋面粉155克，奶粉35克，黄油120克，糖粉85克，盐1克，鸡蛋85克，牛奶45毫升，花生碎适量

🍞 **工具**

刮板、裱花袋各1个，剪刀1把，烤箱1台，高温布1张

🍞 **烤制**

烤箱中层，上火150℃，下火150℃，烤20分钟

👨‍🍳 **详细制作过程**

❶将黄油、糖粉倒在案台，揉搓均匀。

❷倒入准备好的鸡蛋，拌匀。

❸加入备好的牛奶，搅拌均匀。

❹放入低筋面粉、奶粉、盐。

❺将材料混合均匀，继续搅拌成糊状。

❻将拌好的面糊装入裱花袋中。

❼在裱花袋尖端部位剪出一个小口。

❽把面糊挤入铺有高温布的烤盘上。

❾在面糊上撒入适量花生碎。

❿将烤盘放入烤箱中，温度调至上下火均150℃，烤20分钟至熟。

⓫打开烤箱门，取出烤盘。

⓬将烤好的花生薄饼装入容器中即可。

花生奶油饼干

▎份量：32块 ▎难易度：★★☆☆☆

🧁 配方
低筋面粉100克，鸡蛋10克，黄油65克，花生酱35克，糖粉50克

🍴 工具
刮板1个，菜刀1把，烤箱1台，保鲜膜适量

🍞 烤制
烤箱中层，上、下火均180℃，烤20分钟

🍲 详细制作过程
1 操作台上倒入低筋面粉，用刮板开窝。

2 倒入糖粉。

3 倒入花生酱，拌匀。

4 加入鸡蛋，用刮板拌匀。

5 刮入低筋面粉，搅拌均匀。

6 倒入黄油，将混合物按压，揉成纯滑面团。

7 将面团揉成粗圆条，用保鲜膜包好，放入冰箱冷藏30分钟至定形后取出，撕去保鲜膜。

8 将面团切成1厘米厚块，制成饼干生坯，放入烤盘。

9 预热烤箱，温度调成上下火180℃，放入烤盘，烤20分钟至熟，取出，装盘即可。

全麦核桃酥饼

▌ 份量：12块 ▌ 难易度：★☆☆☆☆

配方

全麦粉125克，糖粉75克，鸡蛋1个，核桃碎适量，黄油100克，泡打粉5克

工具

刮板1个，烤箱1台

烤制

烤箱中层，上火160℃，下火180℃，烤20分钟

详细制作过程

1 将全麦粉倒在案台上，用刮板开窝。

2 倒入糖粉、鸡蛋，搅散。

3 放入黄油、泡打粉、核桃碎，刮入全麦粉。

4 混合均匀，揉搓成面团。

5 把面团搓成长条。

6 用刮板将面团切成数个小剂子。

7 将小剂子揉搓成饼坯。

8 将饼坯放入烤盘中，再放入预热好的烤箱里，以上火160℃、下火180℃的温度，烤15分钟至熟。

9 打开箱门，取出烤好的饼干，装入盘中即可。

巧克力
饼干类

零失败小贴士

在生坯上刷一层蛋黄，可使成品口
感更佳。

巧克力酥饼

▌份量：12块　▌难易度：★★☆☆☆

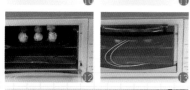

🧁 配方

黄油90克，细砂糖60克，鸡蛋1个，蛋黄30克，低筋面粉150克，泡打粉2克，食粉2克，巧克力豆50克，杏仁片适量

🍴 工具

刮板1个，刷子1把，烤箱1台

🍳 烤制

烤箱中层，上火180℃，下火140℃，烤15分钟

👨‍🍳 详细制作过程

1 将食粉倒入低筋面粉中，再加入泡打粉。

2 把混合好的材料倒在案台上，用刮板开窝。

3 加入细砂糖、鸡蛋，用刮板搅拌匀。

4 放入黄油，刮入混合好的低筋面粉。

5 将材料混合均匀，搓成湿面团。

6 揉搓成光滑的面团。

7 加入巧克力豆。

8 将材料揉搓均匀。

9 将面团摘成小剂子，搓成球状。

10 放入烤盘里，刷上一层蛋黄液。

11 再放上适量杏仁片。

12 把烤盘放入预热好的烤箱里。

13 关上烤箱门，以上火180℃、下火140℃的温度，烤15分钟。

14 打开烤箱门，把烤好的酥饼取出，稍放凉后，装入容器里即可。

饼干烤好后要马上取出，以免在烤
箱里吸收了水汽，影响口感。

巧克力牛奶饼干

份量：8块 **难易度：**★★★☆☆

🧁 配方

黄油100克，糖粉60克，低筋面粉180克，蛋白20克，可可粉20克，奶粉20克，白奶油50克，纯牛奶40毫升，黑巧克力液、白巧克力液各适量

🍱 工具

刮板、饼干模具、电动搅拌器、玻璃碗各1个，裱花袋2个，擀面杖1根，剪刀1把，牙签1根，烤箱1台

👨‍🍳 烤制

烤箱中层，上火170℃，下火170℃，烤15分钟

🍳 详细制作过程

1 将低筋面粉、奶粉、可可粉混匀，用刮板开窝。

2 倒入蛋白、糖粉，用刮板搅匀。

3 加入黄油，刮入混合好的低筋面粉，混合均匀。

4 揉搓成光滑的面团。

5 面团擀成0.5厘米厚的面皮，用饼干模具压8个饼坯。

6 去掉边角料，把饼坯放在烤盘里。

7 将烤盘放入预热好的烤箱里，以上火170℃、下火170℃的温度，烤15分钟至熟，备用。

8 将白奶油倒入大碗中，用电动搅拌器打发均匀。

9 把纯牛奶分次加入，快速搅匀，制成馅料。

10 把馅料装入裱花袋里，待用。

11 打开箱门，取出烤好的饼干。

12 将白巧克力液装入裱花袋中，剪开一个小口。

13 把饼干放在白纸上，将馅料挤在其中4块饼干上。

14 其余4块饼干蘸上黑巧克力液，盖在有馅的饼干上。

15 以画圆圈的方式把白巧克力液挤在饼干上。

16 用牙签将白巧克力液画出花纹即可。

零失败小贴士

宜选用低筋面粉，可使烤好的面饼
外形更美观。

巧克力水果塔

┃ 份量：8个 ┃ 难易度：★★★★☆

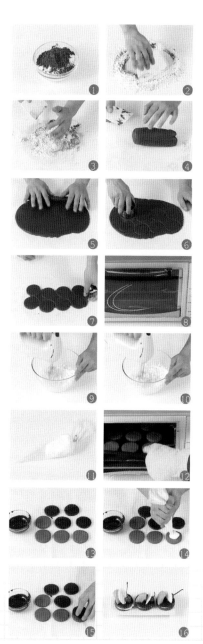

🧁 配方

黄油100克，鸡蛋1个，低筋面粉125克，牛奶50毫升，可可粉15克，樱桃5颗，罐装黄金桃适量，糖粉70克，黑巧克力液、白奶油、白巧克力片各适量

🥄 工具

刮板、电动搅拌器、圆形模具、裱花袋、玻璃碗各1个，擀面杖1根，剪刀1把，烤箱1台

🍞 烤制

烤箱中层，上火170℃，下火170℃，烤15分钟

👨‍🍳 详细制作过程

1 将可可粉放入低筋面粉中。

2 倒在案台上，用刮板开窝。

3 倒入黄油、糖粉、鸡蛋，将材料混合均匀。

4 揉搓成光滑的面团。

5 用擀面杖把面团擀成约0.5厘米厚的面皮。

6 用圆形模具在面皮上压出8块面皮，去掉边角料。

7 把面皮放入烤盘中，再放入预热好的烤箱里。

8 关上箱门，以上、下火均170℃的温度烤15分钟。

9 把白奶油倒入碗中，用电动搅拌器搅拌均匀。

10 将牛奶分次加入，搅拌均匀，制成馅料。

11 把馅料装入裱花袋里，用剪刀剪开一小口。

12 打开箱门，取出烤好的面饼。

13 把面饼放在白纸上，在其中4块蘸上黑巧克力液。

14 把馅料挤在剩余的面饼上，盖上巧克力面饼。

15 依此处理余下的面饼。

16 再逐个摆上白巧克力片，放上洗净的樱桃、罐装黄金桃作装饰，最后装入盘中即可。

其他
饼干类

零失败小贴士
小剂子的厚度要切得均匀，这样烤
出的饼干口感更佳。

双色耳朵饼干

份量：24块 **难易度：★★★☆☆**

🧁 配方

黄油130克，香芋色香油适量，低筋面粉205克，糖粉65克

🍞 工具

刮板、筛网各1个，擀面杖1根，菜刀1把，烤箱1台，保鲜膜适量

🍞 烤制

烤箱中层，上火180℃，下火180℃，烤15分钟

🍞 详细制作过程

1 把黄油、糖粉倒在案台上，将两者混合均匀，揉搓成面团。

2 将低筋面粉过筛至拌好的材料上。

3 按压，拌匀，揉搓成面团。

4 将面团揉搓成长条，切成两半。

5 取其中一半，压平，倒入香芋色香油，按压，揉搓成香芋面团。

6 将香芋面团压扁。

7 用擀面杖将另一半面团擀成薄片。

8 放上香芋面片，按压一下，用刮板切整齐。

9 将叠好的面皮卷成卷，揉搓成呈细长条。

10 切去两端不平整的部分，再将面团对半切开。

11 取其中一半，用保鲜膜包好，放入冰箱冷冻半小时。

12 取出冷冻好的材料，撕开保鲜膜，把一端切整齐，再切成厚度为0.5厘米的小剂子。

13 放入烤盘中，再放入烤箱，以上火180℃、下火180℃的温度，烤15分钟至熟。

14 从烤箱中取出烤盘，装入盘中即可。

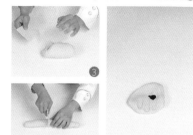

圣诞牛奶薄饼干

▌份量：32块　▌难易度：★★☆☆☆

🧁 配方

色拉油50毫升，细砂糖50克，肉桂粉2克，纯牛奶45毫升，低筋面粉275克，全麦粉50克，红糖粉125克

🍞 烤制

烤箱中层，上火160℃，下火160℃，烤20分钟

🍰 详细制作过程

1 将低筋面粉、全麦粉、肉桂粉混匀，用刮板开窝。

2 倒入细砂糖、纯牛奶，用刮板拌匀。

3 倒入红糖粉，拌匀。

4 加入色拉油，将材料混合均匀，揉搓成面团。

5 用擀面杖将面团擀成0.5厘米厚的面皮，将边缘切齐整，切成方块，再切成小方块。

6 把生坯放入铺有高温布的烤盘，用叉子扎上小孔。

7 把烤箱温度调为上火160℃、下火160℃，预热8分钟，放入生坯，关上箱门，烤20分钟至熟。

8 打开箱门，取出烤好的饼干，装入盘中即可。

🍳 工具

刮板1个，擀面杖1根，叉子、量尺、小刀各1把，烤箱1台，高温布1张

布列塔尼酥饼

┃ 份量：16块 ┃ 难易度：★★☆☆☆

🧁 配方

低筋面粉95克，糖粉35克，玉米淀粉20克，高筋面粉5克，黄油100克，蛋黄1个

🍴 工具

刮板1个，刷子1把，烤箱1台

🍞 烤制

烤箱中层，上、下火均190℃，烤15分钟

🍳 详细制作过程

1 将高筋面粉、玉米淀粉与低筋面粉混匀，倒在案台上，用刮板开窝。

2 加入糖粉、黄油，将材料混合均匀，揉搓成光滑的面团。

3 把面团切成数个小剂子。

4 再将小剂子搓成圆饼状，制成生坯。

5 把生坯装入烤盘里。

6 刷上一层蛋黄液。

7 把烤盘放入预热好的烤箱里。

8 关箱门，以上、下火均190℃的温度，烤15分钟。

9 打开箱门，取出烤好的饼干，装入容器里即可。

纽扣小饼干

份量：20块 ┃ 难易度：★★★☆☆

零失败小贴士

用较小的模具压面团时不能太用力，以免压到底而破坏了形状。

🧁 **配方**

低筋面粉160克，鸡蛋1个，盐1克，奶粉10克，糖粉50克，黄油80克

🍞 **工具**

刮板、叉子各1个，圆形模具2个，烤箱1台

🍞 **烤制**

烤箱中层，上火160℃，下火160℃，烤15分钟

👨‍🍳 **详细制作过程**

❶把低筋面粉倒在案台上，加入奶粉，拌匀，用刮板开窝。

❷加入盐、糖粉、鸡蛋，用刮板拌匀。

❸倒入黄油，将材料混合均匀。

❹继续揉搓，至揉成纯滑的面团。

❺再搓成长条状，用刮板切数个大小一致的剂子。

❻把剂子压扁，用较大的模具在剂子上压出圆形。

❼去掉边缘处多余的面团。

❽再用较小的模具轻轻按压剂子，至边缘出圆形线条。

❾把做好的饼坯放入烤盘，用叉子在饼坯中心处轻轻插一下，制成纽扣饼干生坯。

❿将烤盘放入烤箱中，以上火160℃、下火160℃的温度，烤15分钟至熟。

⓫取出烤好的饼干。

⓬装入盘中即可。

卡雷特饼干

█ 份量：10块 █ 难易度：★★☆☆☆

🧁 配方

黄油75克，糖粉40克，蛋黄10克，低筋面粉95克，泡打粉4克，柠檬皮末适量，蛋黄1个

🥖 烤制

烤箱中层，上火180℃，下火150℃，烤20分钟

👨‍🍳 详细制作过程

1 将低筋面粉开窝，倒入泡打粉，刮向粉窝四周。

2 加入糖粉、蛋黄混匀，加黄油混匀，揉成面团。

3 把柠檬皮倒在面团上，揉搓均匀。

4 将面团搓成长条，用刮板切成数个小剂子。

5 取方形模具，放入小剂子，压严实，制成生坯。

6 在生坯上刷一层蛋黄，用叉子在生坯上划上条纹。

7 把生坯放入预热好的烤箱里，关上箱门，以上火180℃、下火150℃的温度烤20分钟至熟。

8 打开烤箱门，取出烤好的饼干，脱模后装入盘中，即可食用。

🍴 工具

刮板1个，叉子1把，刷子1把，方形模具数个，烤箱1台

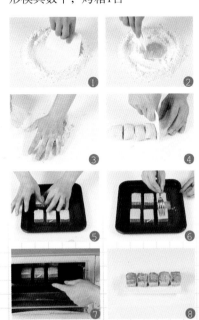

PART 5
吐司、
三明治篇

吐司，专指那种用长方形带盖或不带盖的模具烤制而成的听型面包。而经由吐司切片，夹入火腿、蔬菜、奶酪等材料制成的，即为三明治。本章重点介绍吐司、三明治这两种西点，材料丰富，形式多样，汇聚的皆是精华。赶紧来一睹为快吧！

吐司类

原味吐司

份量：2个 **难易度：★★☆☆☆**

配方

高筋面粉500克，黄油70克，奶粉20克，细砂糖100克，盐5克，鸡蛋15克，水200毫升，酵母8克，溶化的黄油适量

工具

刮板、搅拌器、方形模具、玻璃碗各1个，刷子1把，烤箱1台，电子秤1台，保鲜膜适量

烤制

烤箱中层，上火160℃，下火220℃，烤25分钟

详细制作过程

1 将细砂糖、水倒入碗中，搅拌至细砂糖溶化，待用。

2 把高筋面粉、酵母、奶粉倒在案台上，用刮板开窝。

3 倒入备好的糖水。

4 将材料混合均匀，并按压成形。

5 加入鸡蛋，将材料混合均匀，揉搓成面团。

6 将面团稍微拉平，倒入黄油，揉搓均匀。

7 加入盐，揉搓成光滑的面团。

8 用保鲜膜将面团包好，静置10分钟。

9 撕掉保鲜膜。

10 用电子秤称出一个450克的面团。

11 将面团分成三等份，搓成圆球状。

12 依次放入抹了黄油的方形模具中，发酵90分钟。

13 将烤箱温度调为上火160℃、下火220℃，预热后放入模具，烤25分钟至熟。

14 从烤箱中取出模具。

15 在吐司上刷适量溶化的黄油。

16 将吐司脱模，装入盘中即可。

零失败小贴士

一般来说，500克面粉需放5~7.5克的酵母，发酵时间控制在1~1.5小时。

提子吐司

┃份量：2个　┃难易度：★★☆☆☆

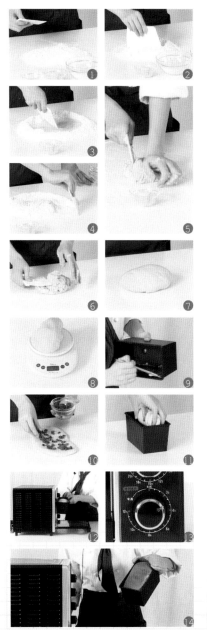

🧁 配方

高筋面粉250克，酵母4克，黄油35克，奶粉10克，蛋黄15克，细砂糖50克，水100毫升，溶化的黄油、提子干各适量

🍞 工具

刮板、方形模具各1个，刷子1把，擀面杖1根，烤箱1台，电子秤1台

🍞 烤制

烤箱中层，上火180℃，下火200℃，烤25分钟

👨‍🍳 详细制作过程

1 把高筋面粉倒在案板上。

2 加入酵母、奶粉，充分混合均匀，用刮板开窝。

3 倒入细砂糖、水、蛋黄，搅匀。

4 刮入混合好的高筋面粉。

5 搓成湿面团。

6 加入黄油，揉搓均匀。

7 揉搓成表面光滑的面团。

8 用电子秤秤取约350克面团。

9 取方形模具，往里面四周刷一层溶化的黄油，待用。

10 用擀面杖将面团擀成面皮，再把提子均匀地铺在面皮上。

11 把面皮卷成圆筒状，放入吐司模具中，常温1.5小时发酵。

12 面皮发酵至原先体积的2倍大，即可放入烤箱中。

13 关上门，将烤箱温度调为上火180℃、下火200℃，烤25分钟。

14 带上隔热手套，打开箱门，将吐司取出，脱模，装在盘中即可。

零失败小贴士

红枣可以切成更细的枣沫，会令口
感更香甜、细腻。

全麦红枣吐司

┃ 份量：1个　┃ 难易度：★★★☆☆

🧁 **配方**

全麦面粉250克，高筋面粉250克，盐5克，酵母5克，细砂糖100克，水200毫升，鸡蛋1个，黄油70克，红枣碎少许

🍽 **工具**

刮板1个，擀面杖1根，方形模具1个，刷子1把，烤箱1台

👨‍🍳 **烤制**

烤箱中层，上火170℃，下火200℃，烤25分钟

🍳 **详细制作过程**

1 将全麦面粉、高筋面粉倒在案台上，用刮板开窝。

2 放入酵母，刮散到粉窝边。

3 倒入细砂糖、水、鸡蛋，用刮板搅散。

4 将材料混合均匀。

5 加入黄油，揉搓均匀。

6 加入盐，混合均匀。

7 揉搓成光滑的面团。

8 用擀面杖将面团擀成面饼，均匀地撒上红枣碎。

9 将面皮卷起，卷成橄榄状。

10 在方形模具内刷上一层黄油，将面团放进去，常温下发酵2小时。

11 将烤箱温度调为上火170℃、下火200℃，烘烤时间定为25分钟。

12 将发酵好的生坯放入预热好的烤箱内。

13 待25分钟后，带上隔热手套将模具取出。

14 将吐司脱模，装入盘中即可。

全麦吐司

■ 份量：2个 ■ 难易度：★★☆☆☆

🧁 配方

高筋面粉200克，全麦粉50克，水100毫升，奶粉20克，酵母4克，细砂糖50克，鸡蛋15克，黄油35克

👨‍🍳 烤制

烤箱下层，上火170℃，下火200℃，烤20分钟

👨‍🍳 详细制作过程

1 将高筋面粉倒在案台上，加全麦粉、奶粉、酵母。

2 用刮板混合均匀，开窝。

3 倒入鸡蛋、细砂糖，搅匀，加入清水，拌匀。

4 加黄油，搓成湿面团，用电子秤秤取350克面团。

5 取模具，在里侧四周刷一层黄油。

6 用擀面杖把面团擀成薄厚均匀的面皮，再把面皮卷成圆筒状，放入方形模具里，常温1.5小时发酵。

7 生坯发酵好，约为原面皮体积的2倍，准备烘烤。

8 将生坯放入烤箱中，以上火170℃、下火200℃的温度，烤20分钟至熟，取出，脱模后装盘即可。

🍴 工具

刮板、方形模具各1个，刷子1把，擀面杖1根，烤箱1台，电子秤1台

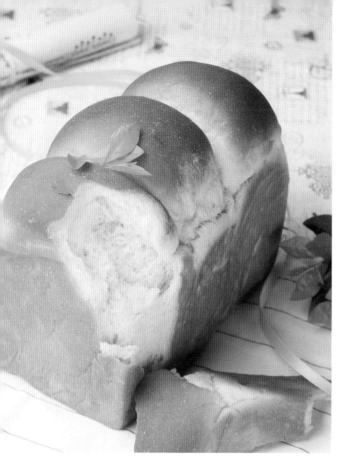

鸡蛋吐司

| 份量：1个 | 难易度：★★★☆☆

🧁 配方

高筋面粉280克、酵母4克、水85毫升、奶粉10克、黄油25克、细砂糖40克、鸡蛋2个、盐2克

🍴 工具

刮板、方形模具各1个，刷子1把，擀面杖1根，烤箱1台，电子秤1台

🍞 烤制

烤箱中层，上火170℃，下火200℃，烤20分钟

🍰 详细制作过程

1 把高筋面粉倒在案台上，加奶粉、酵母、盐混匀。

2 用刮板开窝，倒入鸡蛋、细砂糖，搅匀。

3 倒入水，搅拌均匀。

4 加黄油，拌入混合好的高筋面粉，揉成湿面团。

5 揉搓成光滑的面团，再把面团分成三等份。

6 取模具，里侧四周刷上一层黄油。

7 将面团放入方形模具中，常温发酵1.5小时。

8 将方形模具放入烤箱中，上火调为170℃，下火调为200℃，烤20分钟。

9 戴上隔热手套，把烤好的鸡蛋吐司取出，脱模，装入盘中即可。

板栗吐司

┃份量：2个 ┃难易度：★★☆☆☆

🧁 配方

全麦面粉250克，高筋面粉250克，盐5克，酵母5克，细砂糖100克，水200毫升，鸡蛋1个，黄油70克，熟板栗碎30克

🥄 工具

刮板1个，擀面杖1根，方形模具1个，刷子1把，烤箱1台

🍞 烤制

烤箱中层，上火170℃，下火200℃，烤25分钟

👨‍🍳 详细制作过程

❶ 将全麦面粉、高筋面粉倒在案台上，用刮板开窝。

❷ 放入酵母，刮散到粉窝边。

❸ 倒入细砂糖、水、鸡蛋，用刮板搅散。

❹ 将材料混合均匀，再加入黄油，揉匀。

❺ 加入盐，混合均匀，揉搓成面团。

❻ 用擀面杖将面团擀成面饼，均匀地撒上熟板栗碎。

❼ 将面皮卷起，卷成橄榄状。

❽ 在方形模具内刷上一层黄油，再将面团放进模具中，常温下发酵2小时。

❾ 将烤箱的温度调为上火170℃、下火200℃，定时25分钟，放入生坯。

❿ 待25分钟后，带上隔热手套将模具取出，脱模，装入盘中即可食用。

板栗碎可以再切细碎一点，这样口感会更好。

红糖亚麻籽吐司

份量：1个 ┃ 难易度：★★★☆☆

零失败小贴士

亚麻籽可以事先干炒一下，味道会更香。

🧁 配方

全麦面粉250克，高筋面粉250克，盐5克，酵母5克，细砂糖100克，水200毫升，鸡蛋1个，黄油70克，红糖30克，亚麻籽30克

🍞 工具

刮板1个，擀面杖1根，方形模具1个，刷子1把，烤箱1台

👨‍🍳 烤制

烤箱中层，上火170℃，下火200℃，烤25分钟

👨‍🍳 详细制作过程

❶将全麦面粉、高筋面粉倒在案台上，用刮板开窝。

❷放入酵母，刮散到粉窝边。

❸倒入细砂糖、水、鸡蛋，用刮板搅散。

❹将材料混合均匀，再加入黄油，揉搓均匀。

❺加入盐，混合均匀，揉搓成面团。

❻取适量面团，分成两个均等的面团，揉成圆球。

❼用擀面杖擀成薄面饼，均匀地撒上红糖、亚麻籽。

❽将面皮卷起，卷成橄榄状。

❾在模具内刷上一层黄油，将面团放进方形模具中，常温下发酵2小时。

❿在发酵好的面团上撒上少许亚麻籽。

⓫将烤箱的温度调为上火170℃、下火200℃，定时25分钟，放入生坯。

⓬待25分钟后，带上隔热手套将模具取出，脱模，装入盘中即可食用。

天然酵母红豆吐司

▌份量：1个　▌难易度：★★☆☆☆

🧁 配方

高筋面粉450克，水400毫升，细砂糖30克，黄油20克，蜜红豆50克

🍴 工具

刮板1个，保鲜膜适量，擀面杖1根，模具1个，烤箱1台

👨‍🍳 烤制

烤箱中层，上火170℃，下火200℃，烤25分钟

👨‍🍳 详细制作过程

1 将50克高筋面粉加70毫升水揉成面糊A，静置1天。

2 取50克高筋面粉开窝，倒入50毫升水混匀，揉成面糊B，再加一半面糊A，揉成面糊C，静置24小时。

3 按揉面糊B方法，揉面糊D，再加一半面糊C混匀，揉成面糊E，静置24小时。

4 取100克高筋面粉开窝，加入170毫升水揉成面糊F，加一半面糊E揉匀，用保鲜膜封好，静置10小时。

5 将剩余高筋面粉加水、细砂糖、黄油揉成面团。

6 将面团和天然酵母混匀，分切两等份，揉成球状。

7 将面球擀平，放上蜜红豆，卷成橄榄状，制生坯。

8 将生坯放入刷有黄油的模具里，发酵至两倍大。

9 将烤箱预热5分钟，放入生坯，烘烤25分钟即可。

苹果吐司

份量：2个　**难易度：★★☆☆☆**

🧁 配方

高筋面粉500克，黄油70克，奶粉20克，细砂糖100克，盐5克，鸡蛋50克，水275毫升，酵母8克，苹果粒30克，白糖40克

🍞 烤制

烤箱下层，以上火175℃、下火200℃，烤25分钟

👨‍🍳 详细制作过程

1 将细砂糖、200毫升水装碗，拌至糖溶，待用。

2 把高筋面粉、酵母、奶粉开窝，倒入糖水混匀。

3 加入鸡蛋，将材料混合均匀，揉搓成面团。

4 将面团稍微拉平，倒入黄油，揉搓均匀。

5 加盐，揉成光滑面团，用保鲜膜包好，静置10分钟。

6 苹果粒加入75毫升水中，加白糖搅匀，浸泡5分钟。

7 取适量面团擀成面饼，加苹果粒铺平，卷成橄榄状生坯，放入刷有黄油的模具中，常温发酵1.5小时。

8 预热烤箱，温度调至上火175℃、下火200℃，预热后放入装有生坯的模具，烤25分钟至熟，取出即可。

🍴 工具

刮板、搅拌器、方形模具各1个，玻璃碗2个，擀面杖1根，烤箱1台，保鲜膜适量

零失败小贴士

可用其他果酱来代替蜂蜜，口感也
很好。

甜味吐司

份量：2个 **难易度：**★★☆☆☆

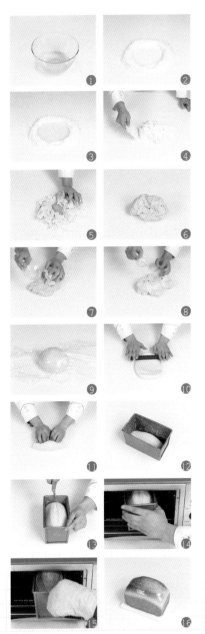

🧁 配方

高筋面粉500克，黄油70克，奶粉20克，细砂糖100克，盐5克，鸡蛋1个，水200毫升，酵母8克，蜂蜜适量

🍞 工具

搅拌器、刮板、方形模具、玻璃碗各1个，擀面杖1根，小刀、刷子各1把，烤箱1台，保鲜膜适量

👨‍🍳 烤制

烤箱中层，上火170℃，下火220℃，烤25分钟

👨‍🍳 详细制作过程

1 将细砂糖、水倒入玻璃碗中，拌至糖溶化，待用。

2 把高筋面粉、酵母、奶粉倒在案台上，用刮板开窝。

3 倒入备好的糖水。

4 将材料混合均匀，并按压成形。

5 加入鸡蛋，将材料混合均匀。

6 揉搓成面团。

7 将面团稍微拉平，倒入黄油，揉搓均匀。

8 加入盐，揉搓成光滑的面团。

9 用保鲜膜将面团包好，静置10分钟。

10 用擀面杖将面团擀平。

11 从一端开始，将面团卷成卷，稍微揉搓一下。

12 放入抹有黄油的方形模具中，使其发酵90分钟。

13 在发酵好的面团中间轻轻划一刀。

14 将模具放入烤箱，以上火170℃、下火220℃的温度，烤25分钟。

15 从烤箱中取出模具，将烤好的吐司脱模，装盘。

16 在吐司表面刷上适量蜂蜜即可。

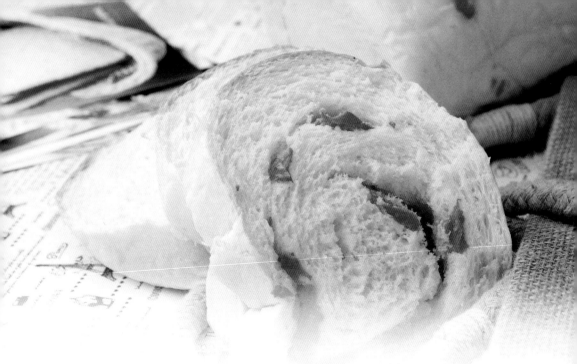

胡萝卜吐司

█ 份量：2个 █ 难易度：★★☆☆☆

 配方

高筋面粉500克，黄油70克，奶粉20克，细砂糖100克，盐5克，鸡蛋50克，水200毫升，酵母8克，胡萝卜泥60克

烤制

烤箱下层，上火175℃，下火200℃，烤25分钟

详细制作过程

1 将细砂糖、水倒入碗中，拌至细砂糖溶化，待用。

2 把高筋面粉、酵母、奶粉开窝，倒入糖水混匀。

3 加入鸡蛋，将材料混合均匀，揉搓成面团。

4 将面团稍微拉平，倒入黄油，揉搓均匀。

5 加盐，揉成光滑面团，用保鲜膜包好，静置10分钟。

6 取适量面团擀平，加胡萝卜泥铺匀，卷成橄榄状生坯。

7 生坯放入刷有黄油的模具，常温发酵1.5小时。

8 预热烤箱，温度调至上火175℃、下火200℃，放入装有生坯的模具，烤25分钟至熟，取出脱模即可。

工具

刮板、搅拌器、方形模具、玻璃碗各1个，保鲜膜适量，擀面杖1根，烤箱1台

南瓜吐司

▌份量：2个　▌难易度：★★☆☆☆

🧁 配方

高筋面粉500克，黄油70克，奶粉20克，细砂糖100克，盐5克，鸡蛋50克，水200毫升，酵母8克，南瓜泥70克，燕麦片适量

🍴 工具

刮板、搅拌器、方形模具、玻璃碗、勺子各1个，擀面杖1根，烤箱1台，保鲜膜适量

👨‍🍳 烤制

烤箱下层，上火175℃，下火200℃，烤25分钟

👨‍🍳 详细制作过程

1 将细砂糖、水倒入玻璃碗中，搅拌至细砂糖溶化。

2 把高筋面粉、酵母、奶粉开窝，倒入糖水混匀。

3 加入鸡蛋，将材料混合均匀，揉搓成面团。

4 将面团稍微拉平，倒入黄油，揉搓均匀。

5 加盐，揉成光滑面团，用保鲜膜包好，静置10分钟。

6 取适量面团擀平，加南瓜泥铺匀，卷成橄榄状生坯。

7 将生坯放入刷有黄油的方形模具中，撒上适量燕麦片，常温发酵1.5小时至原来两倍大。

8 预热烤箱，温度调至上火175℃、下火200℃。

9 将装有生坯的模具放入预热好的烤箱中，烤25分钟至熟，取出，脱模后装盘即可。

三明治类

零失败小贴士

火腿片最好是四方形的，这样切出来的三明治外形更美观。

三明治

┃份量：4个 ┃难易度：★★☆☆☆

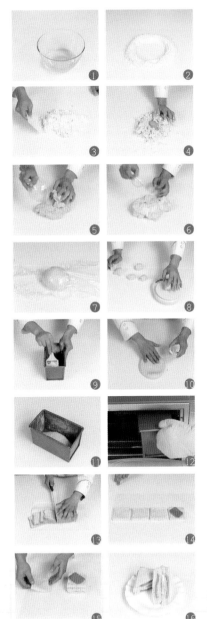

🧁 配方

高筋面粉500克，黄油70克，奶粉20克，细砂糖100克，盐6克，鸡蛋50克，水200毫升，酵母8克，沙拉酱适量，熟火腿2片，煎鸡蛋1个

🥄 工具

刮板、搅拌器、方形模具、玻璃碗各1个，擀面杖1根，刷子、蛋糕刀各1把，烤箱、电子秤各1台，保鲜膜适量

🍞 烤制

烤箱中层，上火190℃，下火190℃，烤30分钟

👨‍🍳 详细制作过程

1 将细砂糖、水倒入玻璃碗中，搅拌至细砂糖溶化。

2 把高筋面粉、酵母、奶粉倒在案台上，用刮板开窝。

3 倒入备好的糖水，将材料混合均匀，并按压成形。

4 加入鸡蛋，将材料混合均匀，揉搓成面团。

5 将面团稍微拉平，倒入黄油，揉搓均匀。

6 加入5克盐，揉搓成光滑的面团。

7 用保鲜膜将面团包好，静置10分钟。

8 撕掉保鲜膜，用电子秤称出一个350克的面团。

9 在方形模具中刷上适量黄油，待用。

10 用擀面杖将面团擀平，在面团上抹1克盐。

11 将面团卷至呈橄榄形，放入模具中，发酵90分钟。

12 将模具盖上盖，放入烤箱，以上、下火均190℃的温度烤30分钟至熟，取出面包脱模，放凉。

13 将面包切成薄片，再切去面包片四周焦黄的部分。

14 在面包上挤入沙拉酱，放上火腿片后盖一片面包。

15 放上煎鸡蛋后盖上面包，放上火腿片后盖上面包。

16 将制好的三明治沿着对角线的方向切开即可。

多味三明治

| 份量：2个 | 难易度：★☆☆☆☆

🧁 配方

全麦吐司2片，生菜叶1片，西红柿2片，鸡蛋1个，青椒圈、红椒圈各少许，火腿片1片，芝士片1片，黄瓜2片，沙拉酱、黄油、色拉油各适量

🍴 工具

三角铁板1个，刷子、蛋糕刀各1把，平底锅1个，白纸1张

👨‍🍳 详细制作过程

1 煎锅中倒入少许色拉油，打入鸡蛋，煎至成型、熟透后盛出。

2 煎锅烧热，放入全麦吐司片，两面抹上黄油，煎至焦黄色后盛出。

3 锅中加少许色拉油，放入火腿片煎至焦黄，盛出。

4 将材料摆在白纸上，在其中一片吐司上刷沙拉酱。

5 放上荷包蛋，刷一层沙拉酱。

6 放入生菜叶，摆上西红柿片，刷上沙拉酱。

7 放上青椒圈、红椒圈，放入芝士片。

8 在另一片吐司上刷沙拉酱，盖在叠好的食材上。

9 用蛋糕刀将三明治切成小块，装入盘中即可。

火腿鸡蛋三明治

┃ 份量: 2个 ┃ 难易度: ★☆☆☆☆

🧁 配方

原味吐司1个，黄瓜片5片，生菜叶1片，火腿片3片，鸡蛋1个，沙拉酱、黄油各适量，色拉油适量

🍴 工具

三角铁板1个，刷子、蛋糕刀各1把，平底锅1个，白纸1张

🍲 详细制作过程

1 用蛋糕刀将原味吐司切成片，备用。

2 煎锅注入少许色拉油，打入鸡蛋煎至成形，盛出。

3 锅中加少许色拉油，放入火腿片煎至焦黄，盛出。

4 煎锅烧热，放入一片吐司，加入少许黄油，煎至金黄色，盛出，再将另一片吐司煎至金黄色，盛出。

5 将材料摆放在白纸上。

6 在一片吐司上刷沙拉酱，放上荷包蛋后刷沙拉酱。

7 放上一片生菜叶，放上黄瓜片。

8 在另一片吐司上刷一层沙拉酱，在生菜叶和黄瓜片上刷一层沙拉酱，再盖上吐司片。

9 制成的三明治用蛋糕刀从中间切两半，装盘即可。

肉松三明治

❚ 份量：2个 ❚ 难易度：★☆☆☆☆

🧁 配方

鸡蛋1个，吐司4片，肉松、沙拉酱、色拉油各适量

🧑‍🍳 详细制作过程

1 煎锅放入适量色拉油，打入鸡蛋，煎约1分钟至两面微焦，盛入盘中备用。

2 取一张白纸，放上一片吐司，并在吐司片上刷上沙拉酱。

3 放上肉松。

4 盖上一片吐司，刷上沙拉酱。

5 放入煎鸡蛋。

6 放上吐司片，涂抹一层沙拉酱。

7 铺上肉松。

8 盖上第四片面包，用刀切去三明治吐司的边缘，再对半切开，装盘即可。

🍴 工具

刷子、蛋糕刀各1把，平底锅1个，白纸1张

全麦吐司三明治

| 份量：2个 | 难易度：★☆☆☆☆

🧁 配方

鸡蛋1个，黄瓜片4片，红椒圈少许，芝士1片，生菜叶1片，全麦吐司2片，沙拉酱、色拉油、黄油各适量

🍴 工具

三角铁板1个，刷子、蛋糕刀各1把，平底锅1个，白纸1张

👨‍🍳 详细制作过程

1 煎锅中倒入少许色拉油，打入鸡蛋，煎至成形。

2 翻面，煎至熟透后盛出。

3 煎锅烧热，放入切好的全麦吐司片，加入少许黄油，煎至两面金黄色后盛出。

4 将材料摆放在白纸上。

5 分别在两片吐司上刷一层沙拉酱。

6 在其中一片吐司上放上芝士片、生菜叶，刷上一层沙拉酱。

7 放上荷包蛋、红椒圈、黄瓜片。

8 盖上另一片吐司，制成三明治。

9 将三明治切成小块，装入盘中即可。

 # 芝士吐司

▌份量：2个　▌难易度：★☆☆☆☆

🧁 配方

吐司2片，火腿片1片，芝士20克，黄油30克

🍴 工具

抹刀、蛋糕刀各1把，烤箱1台，高温布、白纸各1张

👨‍🍳 烤制

烤箱中层，上、下火均190℃，烤10分钟

👨‍🍳 详细制作过程

1 将备好的材料放在案台上。

2 取一片吐司，放在铺有高温布的烤盘里，抹上一层黄油。

3 放上火腿片。

4 盖上另一片吐司。

5 铺上一层芝士。

6 把吐司放入预热好的烤箱里。

7 以上火190℃、下火190℃的温度，烤10分钟。

8 取出烤好的芝士吐司。

9 将吐司放在白纸上，用蛋糕刀将其切成三角块，装入盘中即可。

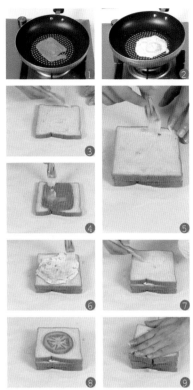

早餐三明治

▌份量：2个 ▌难易度：★☆☆☆☆

🧁 配方
火腿1片，鸡蛋1个，西红柿1片，吐司4片，沙拉酱、色拉油各适量

🍴 工具
刷子、蛋糕刀各1把，平底锅1个，白纸1张

👨‍🍳 详细制作过程

1 煎锅注入色拉油，放入火腿，煎约1分钟至两面微黄，装盘待用。

2 锅底留油，打入鸡蛋，煎约1分钟至熟，装盘待用。

3 取一张白纸，放上一片吐司，刷上沙拉酱。

4 放上煎好的火腿，刷上沙拉酱。

5 放上一片吐司，刷上沙拉酱。

6 放入煎鸡蛋，涂抹沙拉酱。

7 放入一片吐司，刷上沙拉酱。

8 放上西红柿片。

9 盖上吐司，制成三明治，再用刀将三明治切成两个长方状，装盘即可。

鸡蛋腊肉三明治

份量：2个　　难易度：★☆☆☆☆

配方

吐司2片，沙拉酱适量，鸡蛋1个，培根1片，西红柿2片，青椒圈少许，鸡蛋1个，黄油、色拉油各适量

工具

刷子、蛋糕刀各1把，平底锅1个，白纸1张

详细制作过程

1 煎锅中倒入少许色拉油，打入鸡蛋，煎至成形，翻面，煎至熟透后盛出。

2 煎锅烧热，放入吐司片，加入少许黄油，煎至金黄色后盛出。

3 锅中加少许色拉油，放入培根煎至两面呈焦黄色。

4 将材料摆在白纸上，在其中一片吐司上刷沙拉酱。

5 放上荷包蛋，再刷一层沙拉酱。

6 放上青椒圈，放入西红柿片，刷上一层沙拉酱，铺上煎好的培根片。

7 在另一片吐司上刷一层沙拉酱。

8 盖在叠好的食材上，制成三明治，用刀切成小块，装入盘中即可。

香烤奶酪三明治

▌份量：2个 ▌难易度：★☆☆☆☆

🧁 **配方**

奶酪1片，黄油适量，吐司2片

🍴 **工具**

勺子、蛋糕刀各1把，烤箱1台，白纸1张

👨‍🍳 **烤制**

烤箱中层，上、下火均170℃，烤5分钟

🍳 **详细制作过程**

1 取一张白纸，放上一片吐司，再在吐司上均匀涂抹上黄油。

2 放上奶酪片。

3 抹上少许黄油。

4 盖上一片吐司，三明治制成。

5 备好烤盘，放上三明治。

6 将烤盘放入烤箱中，温度调至上、下火170℃，烤5分钟至熟。

7 取出烤盘，稍放凉。

8 将烤好的三明治用刀切成两个长方状。

9 将两个长方状三明治叠加一起，装盘即可。

杂粮阳光三明治

份量：2个　　难易度：★☆☆☆☆

🧁 配方

煎鸡蛋1个，熟火腿1片，全麦吐司4片，西红柿1片，沙拉酱适量

🥄 工具

刷子、蛋糕刀各1把，白纸1张

👨‍🍳 详细制作过程

1 取一张白纸，放上一片全麦吐司，再在吐司上刷上沙拉酱。

2 放上熟火腿。

3 放入吐司片。

4 刷上沙拉酱。

5 放入西红柿。

6 放上吐司。

7 刷一层沙拉酱。

8 放上煎鸡蛋，盖上吐司，稍稍按压，三明治制成。

9 用刀将三明治切成两个长方条状，装盘即可。

全麦早餐三明治

▌份量：2个 ▌难易度：★☆☆☆☆

🧁 配方

全麦吐司4片，熟火腿1片，西红柿1片，黄瓜4片，沙拉酱适量

🍴 工具

刷子、蛋糕刀各1把，白纸1张

🏛 详细制作过程

1 取一张白纸，放上一片全麦吐司，再在吐司上刷适量沙拉酱。

2 放上西红柿。

3 放上一片吐司，刷一层沙拉酱。

4 放入熟火腿，涂上沙拉酱。

5 放上一片吐司，刷上适量沙拉酱。

6 放入黄瓜片。

7 盖上一片吐司，稍稍按压，三明治制成。

8 用刀将三明治切成两个长方状，装盘即可。

白芝麻贝果火腿三明治

份量：1个 | **难易度：★☆☆☆☆**

🧁 配方

白芝麻贝果1个，西红柿2片，黄瓜3片，火腿1片，鸡蛋1个，生菜叶2片，青椒圈、红椒圈各少许，色拉油、沙拉酱各适量

🍴 工具

蛋糕刀1把，刷子1把，平底锅1个，白纸1张

👨‍🍳 详细制作过程

1 煎锅中倒入少许色拉油烧热，打入鸡蛋，用小火煎成荷包蛋后盛出。

2 把火腿放入煎锅中，煎至焦黄色后盛出。

3 将所有食材置于白纸上。

4 用蛋糕刀把白芝麻贝果平切成两半。

5 在两片贝果上分别刷上一层沙拉酱。

6 依次放上备好的生菜叶、荷包蛋、黄瓜片、红椒圈、青椒圈。

7 再放上西红柿片、火腿片。

8 将两片贝果叠好，制成三明治。

9 把做好的三明治装入盘中即可。

PART 6
泡芙、
蛋挞篇

　　泡芙源自意大利，蓬松张孔的面皮中裹着奶油、冰淇淋等。蛋挞则是一种以蛋浆为馅料的西式馅饼。泡芙、蛋挞卖相可人，口味独特，都是广受女性朋友欢迎的西点。本章将重点介绍多款泡芙、蛋挞，诚心诚意奉上精致且力求原汁原味的作品。

泡芙类

忌廉泡芙

▌份量：15个　▌难易度：★★★☆☆

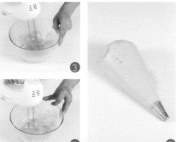

🧁 配方

牛奶110毫升，水35毫升，黄油35克，低筋面粉75克，盐3克，鸡蛋2个，忌廉馅料100克

🍳 工具

电动搅拌器、裱花嘴、玻璃碗各1个，裱花袋2个，剪刀、蛋糕刀各1把，烤箱1台，奶锅1个，高温布1张

🍞 烤制

烤箱中层，上火200℃，下火200℃，烤15分钟

👨‍🍳 详细制作过程

1 将牛奶倒入锅中，加入水、黄油、盐，搅拌，煮至融化。

2 关火后加入低筋面粉，搅匀，搅成糊状。

3 把面糊倒入玻璃碗中，用电动搅拌器快速搅拌。

4 鸡蛋分两次加入，打发，搅成纯滑面浆。

5 把面浆装入套有裱花嘴的裱花袋里，剪一小口。

6 将面浆挤在垫有高温布的烤盘上，制成数个大小相同的泡芙生坯。

7 将烤箱上、下火均调为200℃，预热5分钟。

8 打开烤箱门，放入生坯。

9 关上烤箱门，烘烤15分钟至熟。

10 带上隔热手套，打开烤箱门，取出烤好的泡芙体。

11 将忌廉馅料装入裱花袋里，尖角处剪开一小口。

12 把泡芙体放在案台白纸上，用刀将泡芙体切开。

13 逐个挤入适量忌廉馅料，制成忌廉泡芙。

14 把泡芙装盘即可。

泡芙

■ 份量：15个　**■ 难易度：★ ☆ ☆ ☆ ☆**

🧁 配方

奶油60克，高筋面粉60克，鸡蛋2个，牛奶60毫升，水60毫升

🍞 烤制

烤箱中层，上火175℃，下火180℃，烤20分钟

👨‍🍳 详细制作过程

1 锅置火上，烧热，倒入适量清水，注入牛奶。

2 再放入奶油，拌匀，用中小火煮1分钟至奶油溶化。

3 关火后倒入高筋面粉，搅拌均匀。

4 分次打入鸡蛋，快速拌至材料浓稠，即成泡芙浆。

5 取一裱花袋，装入泡芙浆，剪开袋底，待用。

6 在烤盘上平铺上一张锡纸，均匀地挤入泡芙浆，呈宝塔状，制成泡芙生坯。

7 烤箱预热，放入烤盘，以上火175℃、下火180℃的温度，烤约20分钟至生坯熟透。

8 断电后取出烤盘，待稍微冷却后即可食用。

🍴 工具

裱花袋、不锈钢锅各1个，锡纸1张，搅拌器1个，剪刀1把，烤箱1台

脆皮泡芙

┃份量：15个 ┃难易度：★ ★ ☆ ☆ ☆

🧁 配方

细砂糖120克，牛奶香粉5克，奶油200克，低筋面粉100克，鸡蛋2个，牛奶100毫升，水65毫升，高筋面粉65克，樱桃适量

🍴 工具

刮板、裱花袋、三角铁板、不锈钢锅各1个，锡纸1张，剪刀、菜刀各1把，烤箱1台

🍞 烤制

烤箱中层，上火190℃，下火200℃，烤20分钟

👨‍🍳 详细制作过程

1 低筋面粉加牛奶香粉开窝，倒入100克奶油、细砂糖。

2 混匀，制成面团，揉成圆条状，用保鲜膜包好，冷藏约30分钟，使面粉醒发。

3 锅置火上，倒入水、牛奶、100克奶油加热。

4 关火后倒入高筋面粉、分次打入鸡蛋，搅拌至糊状，装入裱花袋，剪开袋底。

5 烤盘铺锡纸，挤入泡芙浆呈宝塔状，成泡芙生坯。

6 取冷藏好的面团，切成薄片，制成脆皮。

7 将脆皮平放在泡芙生坯上，制成生坯。

8 上火190℃、下火200℃，烤20分钟。

9 取出烤盘，摆盘，点缀上洗净的樱桃即可。

心形水果泡芙

份量：2个　┃　难易度：★ ★ ★ ★ ☆

零失败小贴士

要想泡芙体的成品美观，生坯不宜
过大，烤后切时动作要稳。

配方

牛奶110毫升，水35毫升，黄油35克，低筋面粉75克，盐3克，鸡蛋2个，忌廉馅料适量，杂果粒80克，草莓80克，糖粉适量

工具

电动搅拌器、筛网、裱花嘴、玻璃碗各1个，裱花袋2个，剪刀、蛋糕刀各1把，烤箱1台，奶锅1个，高温布、白纸各1张

烤制

烤箱中层，上火180℃，下火200℃，烤20分钟

详细制作过程

❶ 将牛奶倒入锅中，加水、黄油、盐，搅拌，煮至融化。

❷ 关火后加入低筋面粉，搅拌均匀，搅成糊状。

❸ 把面糊倒入玻璃碗中，用电动搅拌器快速搅拌。

❹ 鸡蛋分两次加入，用电动搅拌器打发，搅成纯滑面浆。

❺ 把面浆装入套有裱花嘴的裱花袋里，袋底剪开一小口。

❻ 将面浆挤在垫有高温布的烤盘上，挤成心形状，制成生坯。

❼ 将烤箱的温度调为上火180℃、下火200℃，预热5分钟，放入，制成生坯。

❽ 关上烤箱门，烘烤20分钟至熟后，带上隔热手套，打开烤箱门，取出泡芙体。

❾ 将泡芙体放在白纸上，用蛋糕刀横向将泡芙体切成两半。

❿ 把忌廉馅料装入裱花袋里，尖角处剪开一小口，挤在其中一片泡芙体的切面上。

⓫ 放上洗净的草莓，放上杂果粒，盖上另一块泡芙体。

⓬ 将糖粉过筛，撒在泡芙上，装盘即可。

冰淇淋泡芙

▌份量：12个 ▌难易度：★★★☆☆

🧁 配方

低筋面粉75克，黄油55克，鸡蛋2个，牛奶110毫升，水75毫升，糖粉、冰激凌各适量

🍴 工具

裱花袋、三角铁板、电动搅拌器、筛网、玻璃碗、不锈钢锅各1个，剪刀、小刀各1把，烤箱1台，高温布1张

🍞 烤制

烤箱中层，上火170℃，下火180℃，烤10分钟

👨‍🍳 详细制作过程

1 锅置火上，倒入水，再将牛奶、黄油放入锅中，用三角铁板拌匀，煮沸。

2 关火后放入低筋面粉拌匀，再倒入碗中搅拌。

3 鸡蛋逐个倒入玻璃碗中，搅拌匀成面糊。

4 把面糊装入裱花袋中。

5 取铺有高温布的烤盘，将裱花袋尖端剪去，均匀地挤出九份面糊。

6 烤箱温度设为上火170℃、下火180℃，烤10分钟。

7 取出烤盘，将烤好的泡芙装入盘中。

8 把泡芙横切一刀，但不切断。

9 填入冰激凌，将糖粉过筛至冰激凌泡芙上即可。

炸泡芙

份量：10个 ┃ 难易度：★★☆☆☆

🧁 配方

牛奶110毫升，水35毫升，黄油55克，低筋面粉75克，盐3克，鸡蛋2个，糖粉、色拉油各适量

🍳 详细制作过程

1 将牛奶倒入锅中，用大火加热。

2 加入黄油、水，搅拌匀。

3 将盐倒入锅中，转小火搅匀，关火后将低筋面粉倒入锅中。

4 开大火，用木铲子快速搅拌至食材混合均匀。

5 将鸡蛋分两次加入，并用电动搅拌器搅拌均匀，搅匀后关火，制成泡芙浆，待用。

6 平底锅中注入色拉油，用小火烧热，取适量泡芙浆，用手挤成小团，用三角铁板刮起，放入油锅中。

7 不停翻动泡芙，炸至其呈金黄色。

8 将炸好的泡芙装入盘中，用筛网将糖粉过筛到泡芙上即成。

🍴 工具

电动搅拌器、三角铁板、筛网、木铲子各1个，不锈锅、平底锅各1个

零失败小贴士

泡芙皮冷冻的时间不宜太短，否则不易成形。

巧克力脆皮泡芙

▌份量：20个　▌难易度：★★★★☆

🧁 **配方**

黄油175克，低筋面粉210克，糖粉90克，可可粉15克，纯牛奶110毫升，水35毫升，鸡蛋2个

🍴 **工具**

刮板、三角铁板、电动搅拌器、裱花袋、不锈钢锅各1个，剪刀、菜刀各1把，烤箱1台，高温布1张

👨‍🍳 **烤制**

烤箱中层，上火180℃，下火180℃，烤20分钟

🍞 **详细制作过程**

1 将135克低筋面粉倒在案台上，加可可粉，开窝。

2 倒入糖粉、120克黄油，刮入混合好的材料。

3 将材料混合均匀，揉搓成光滑的面团。

4 用保鲜膜包严实，放入冰箱冷冻60分钟至其变硬，即成泡芙皮。

5 将水倒入锅中，加纯牛奶、55克黄油拌匀，煮至黄油溶化。

6 关火，倒入75克低筋面粉，快速搅拌至成糊状。

7 把鸡蛋分两次加入，用电动搅拌器快速搅匀。

8 把拌好的面浆装入裱花袋里。

9 裱花袋剪一小口，把面浆挤在铺有高温布的烤盘里。

10 把余下的面浆挤成大小均等的生坯。

11 把冻好的泡芙皮取出，撕去保鲜膜，切成薄饼。

12 将切好的泡芙坯放在生坯上。

13 把生坯放入预热好的烤箱里。

14 关上箱门，以上下火均180℃的温度，烤20分钟。

15 打开箱门，取出烤好的泡芙。

16 装入盘中即可。

蛋挞类

零失败小贴士

蛋挞皮的厚薄要适中，蛋挞水不宜
装得过满，以免影响成品的外观。

蜜豆蛋挞

份量：8个 **难易度：★★☆☆☆**

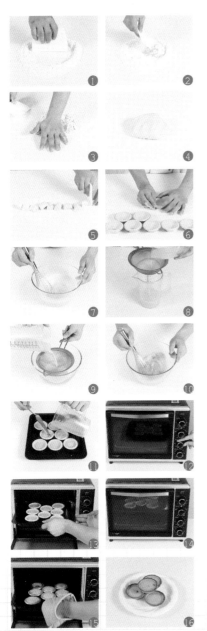

🧁 **配方**

水125毫升，细砂糖50克，鸡蛋100克，蜜豆50克，低筋面粉75克，糖粉50克，黄油50克，蛋黄20克

🥄 **工具**

刮板、筛网、量杯、三角铁板、打蛋器各1个，玻璃碗2个，蛋挞模具数个，烤箱1台

🍞 **烤制**

烤箱中层，上火200℃，下火200℃，烤10分钟

👨‍🍳 **详细制作过程**

1 将低筋面粉倒在案台上，用刮板开窝。

2 倒入糖粉、蛋黄，搅散。

3 加入黄油，刮入低筋面粉，混合均匀。

4 揉搓成光滑的面团。

5 把面团搓成长条，用刮板分切成数等份的剂子。

6 将剂子放入蛋挞模具里，使剂子贴紧模具内壁，制成蛋挞皮。

7 把鸡蛋倒入碗中，加入水、细砂糖，用打蛋器搅匀，制成蛋挞水。

8 蛋挞水过筛，装入量杯中。

9 再过筛，装回另一个碗中。

10 加入蜜豆，拌匀。

11 蛋挞皮装入烤盘，逐个倒入蜜豆蛋挞水至八分满。

12 把烤箱上、下火均调为200℃，预热5分钟。

13 打开烤箱门，把蛋挞生坯放入烤箱。

14 关上烤箱门，烘烤10分钟至熟。

15 戴上隔热手套，打开烤箱门，取出蛋挞。

16 将蛋挞脱模后装盘即可。

草莓蛋挞

▌份量：24个 ▌难易度：★★★☆☆

零失败小贴士

压蛋挞皮时应力度均匀，以免烤制
出来的成品薄厚不同而影响口感。

配方

糖粉75克，低筋面粉225克，黄油150克，白砂糖100克，鸡蛋5个，凉开水250毫升，草莓少许

工具

搅拌器、刮板各1个，蛋挞模具4个，量杯1个，筛网1个，玻璃碗2个，烤箱1台

烤制

烤箱中层，上火200℃，下火220℃，烤10~15分钟

详细制作过程

❶取一大碗，放入黄油，倒入糖粉，搅拌均匀至颜色变白。

❷加入1个鸡蛋搅拌均匀，再加入一半的低筋面粉拌匀。

❸再加入剩下的低筋面粉，拌匀并揉成光滑面团。

❹台面撒少许低筋面粉，将面团搓长条，再分切成30克一个的小面团。

❺将小面团放在手上搓圆，沾上低筋面粉，粘在蛋挞模具上，沿着边沿捏紧。

❻将剩余4个鸡蛋打入碗中，加白砂糖。

❼用搅拌器拌匀，加入凉开水，再拌匀。

❽用筛网将蛋塔液过筛，使蛋塔液的口感更细腻。

❾将蛋塔液倒入模具中至八分满即可。

❿将蛋塔模放入烤盘后进烤箱，以上火200℃、下火220℃的温度，烤10~15分钟。

⓫拿出烤盘，取出蛋挞，摘去模具。

⓬将蛋挞摆入盘中，放上洗净的草莓作装饰即可。

香橙挞

▌份量：8个 ▌难易度：★★★☆☆

🧁 配方

低筋面粉125克，糖粉25克，黄油40克，蛋黄15克，香橙果膏50克，银珠适量

🥄 工具

刮板1个，蛋挞模具4个，勺子1个，烤箱1台

🍞 烤制

烤箱中层，上火170℃，下火170℃，烤6分钟

👨‍🍳 详细制作过程

❶ 将低筋面粉倒在操作台上，用刮板开窝，倒入糖粉、蛋黄，拌匀。

❷ 用刮板将材料拌匀，用手和面。

❸ 加黄油，慢慢地按压，揉搓成面团。

❹ 将面团切成大小均等的小剂子。

❺ 把小剂子粘上少许糖粉，放入蛋挞模具中，沿着蛋挞模具边缘按压捏紧。

❻ 将蛋挞模具放入烤盘中。

❼ 将烤箱温度调成上火170℃、下火170℃，放入烤盘，烤6分钟至熟。

❽ 从烤箱中取出烤好的蛋挞摸，脱模，放入盘中。

❾ 在蛋挞中间倒入香橙果膏，至满为止。

❿ 在香橙果膏上放上银珠，作装饰即可。

葡式蛋挞

▌份量： 8个 **▌难易度：** ★★★☆☆

配方

糖粉75克，低筋面粉225克，黄油150克，白砂糖150克，鸡蛋1个，蛋黄4个，牛奶200克，鲜奶油200克，炼乳、吉士粉各适量

烤制

烤箱中层，上火220℃，下火200℃，烤20分钟

详细制作过程

1 将黄油、糖粉、鸡蛋、低筋面粉拌匀，揉成面团。

2 搓长条，分切成30克的小剂子，搓圆，做成蛋挞皮。

3 锅中倒入牛奶煮开，倒入鲜奶油、白砂糖、炼乳拌匀煮开，关火后冷却。

4 将蛋黄入锅搅匀，加入吉士粉拌匀。

5 用筛网将蛋液过筛至容器中。

6 将蛋液倒入蛋挞模具中，至八分满即可。

7 把模具放入烤盘中，将烤盘放入预热好的烤箱中。

8 以上火220℃、下火200℃的温度烤20分钟即可。

工具

蛋挞模具4个，筛网、刮板、量杯、玻璃碗、不锈钢锅、搅拌器各1个，烤箱1台

脆皮葡挞

份量：10个 **难易度：★★★☆☆**

🧁 配方

低筋面粉220克，高筋面粉30克，黄油40克，细砂糖55克，盐1.5克，水125毫升，片状酥油180克，蛋黄2个，牛奶100毫升，鲜奶油100克，炼奶、吉士粉各适量

🍴 工具

刮板、玻璃碗、擀面杖、筛网、搅拌器、圆形模具、量杯各1个，量尺1把，蛋挞模具4个，烤箱1台，奶锅1个

🍞 烤制

烤箱中层，上火200℃，下火220℃，烤10分钟

🥢 详细制作过程

1 将低筋面粉、高筋面粉、细砂糖、盐、水、黄油混匀，搓成面团，静置10分钟。

2 将片状酥油擀平，再将面团擀平后放上酥油片。

3 盖上面皮，擀薄，对折四次，放入冰箱，冷藏10分钟，重复上述操作3次。

4 面皮擀薄，用模具压出面皮，放入蛋挞模具捏紧。

5 牛奶、细砂糖入锅，加炼奶煮沸，加鲜奶油、吉士粉。

6 浆液倒入碗中，加蛋黄，搅成葡挞液。

7 过筛两次，倒入蛋挞模具中，至八分满。

8 烤箱温度调成上火220℃、下火220℃，烤10分钟。

9 将蛋挞取出，脱模，装入盘中即可。

零失败小贴士

将烤箱预热后再放入生坯，可使烤好的蛋挞口感更佳。

咖啡挞

份量：9个　　难易度：★★★☆☆

🧁 配方

黄油60克，糖粉40克，蛋白7克，纯牛奶14毫升，低筋面粉165克，可可粉5克，色拉油100毫升，鸡蛋2个，细砂糖90克，奶粉25克，咖啡粉5克

🥄 工具

刮板、电动搅拌器、裱花袋、玻璃碗各1个，剪刀1把，蛋挞模具数个，烤箱1台

🍞 烤制

烤箱中层，上火170℃，下火170℃，烤20分钟

👨‍🍳 详细制作过程

1 将90克低筋面粉、可可粉倒在案台上，用刮板开窝。

2 倒入7毫升纯牛奶、糖粉、蛋白，用刮板拌匀。

3 加入黄油，刮入低筋面粉，混合均匀。

4 揉搓成光滑的面团，再把面团搓成长条。

5 切成数个大小均等的小剂子。

6 将小剂子蘸上少许低筋面粉，放入蛋挞模具中，按压至面团与模具内壁贴合严实，即成挞皮。

7 将鸡蛋、细砂糖倒入玻璃碗中，用电动搅拌器拌匀。

8 加75克低筋面粉，快速搅拌匀。

9 加入奶粉，搅匀，倒入咖啡粉，搅拌均匀。

10 加入7毫升纯牛奶，快速搅拌匀。

11 倒入色拉油，搅拌匀，制成馅料。

12 挞皮入烤盘，挤入装进裱花袋的馅料，至八分满。

13 把生坯放入预热好的烤箱里，以上火170℃、下火170℃的温度，烤20分钟至熟。

14 打开箱门，取出咖啡挞，脱模后装入盘中即可。

巧克力蛋挞

┃份量：10个 ┃难易度：★★★☆☆

🧁 配方

低筋面粉75克，糖粉50克，黄油50克，蛋黄20克，水125毫升，细砂糖50克，鸡蛋100克，巧克力豆适量

🥖 工具

刮板、搅拌器、玻璃碗、量杯、筛网各1个，蛋挞模具数个，烤箱1台

🍞 烤制

烤箱中层，上火200℃，下火200℃，烤10分钟

👨‍🍳 详细制作过程

1 将低筋面粉倒在案台上，用刮板开窝。

2 倒入糖粉、蛋黄，搅散。

3 加入黄油，刮入面粉，混合均匀。

4 揉搓成光滑的面团。

5 把面团搓成长条，用刮板分切成等份的剂子。

6 将剂子放入蛋挞模具里，把剂子捏在模具内壁上，制成蛋挞皮。

7 把鸡蛋倒入碗中，加入水、细砂糖，用打蛋器搅匀，制成蛋挞水。

8 将蛋挞水过筛，装入量杯中。

9 再过筛，装回碗中。

10 蛋挞皮装在烤盘里，倒入蛋挞水，装约八分满。

11 逐个放入适量巧克力豆，制成蛋挞生坯。

12 把烤箱上、下火均调为200℃，预热5分钟。

13 打开烤箱门，把蛋挞生坯放入烤箱里。

14 关上烤箱门，烘烤10分钟至熟。

15 戴上隔热手套，打开烤箱门，把烤好的蛋挞取出。

16 蛋挞脱模后装盘即可。

蛋挞

| 份量：10个 | 难易度：★★☆☆☆

配方

鸡蛋液200克，细砂糖100克，水250毫升，蛋挞皮适量

烤制

烤箱中层，上火150℃，下火160℃，烤10分钟

详细制作过程

1 将细砂糖倒进玻璃碗中。

2 加入250毫升水，搅拌均匀。

3 倒入鸡蛋液，搅拌至起泡，用过滤网将蛋液过滤一次，再倒入量杯中。

4 取备好的蛋挞皮，放入烤盘中，把过滤好的蛋液倒入蛋挞皮内，约八分满即可。

5 打开烤箱，将烤盘放入烤箱中。

6 关上烤箱门，以上火150℃、下火160℃的温度，烤约10分钟至熟。

7 取出烤盘，把烤好的蛋挞装入盘中即可。

工具

搅拌器、量杯、筛网、玻璃碗各1个，烤箱1台

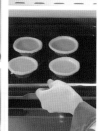

PART 7

派、酥篇

　　派最早起源于欧洲，更称得上是典型的美式食品，有着各式不同的形状、大小、口味。酥则起源于中国，以酥饼为原型，多是用动物油搭配面粉等材料制成的。本章重点介绍派和酥，将中西方的名点汇合，演化出更多融会贯通的款式。

派类

零失败小贴士

派皮不要太薄，以免在脱模的时候派皮碎掉。

黄桃派

┃ 份量：1个 ┃ 难易度：★★★☆☆

🧁 配方

低筋面粉200克，牛奶60毫升，黄油150克，细砂糖55克，杏仁粉50克，鸡蛋1个，黄桃肉60克

🥖 工具

刮板、搅拌器、派皮模具、玻璃碗、勺子各1个，烤箱1台，保鲜膜适量

👨‍🍳 烤制

烤箱中层，上火180℃，下火180℃，烤25分钟

👨‍🍳 详细制作过程

1 将低筋面粉倒在操作台上，用刮板开窝。

2 倒入5克细砂糖、牛奶，用刮板搅拌匀。

3 加入100克黄油，用手和成面团。

4 用保鲜膜将面团包好，压平，放入冰箱冷藏30分钟。

5 取出面团后轻轻地按压一下，撕掉保鲜膜，压薄。

6 取一个派皮模具，盖上底盘，放上面皮，沿着模具边缘贴紧，切去多余的面皮。

7 再次沿着模具边缘将面皮压紧，制成派皮。

8 将50克细砂糖、鸡蛋倒入玻璃碗中，快速拌匀。

9 加入杏仁粉，搅拌均匀。

10 倒入50克黄油，搅拌至糊状，制成杏仁奶油馅。

11 将杏仁奶油馅倒入模具内，至五分满，并抹匀。

12 把烤箱温度调成上火180℃、下火180℃，将模具放入烤盘，再放入烤箱中，烤25分钟，至其熟透。

13 取出烤盘，放置片刻至凉，去除模具，将烤好的派皮装入盘中。

14 将黄桃肉切成薄片，摆放在派皮上即可。

提子派

份量：1个 ┃ 难易度：★ ★ ★ ☆ ☆

零失败小贴士

按照个人喜好，雕好的提子可以用
牙签将籽剔除，更方便食用。

配方

细砂糖55克，低筋面粉200克，牛奶60毫升，黄油150克，杏仁粉50克，鸡蛋1个，提子适量

工具

刮板、搅拌器、派皮模具、玻璃碗、勺子各1个，小刀1把，烤箱1台，保鲜膜适量

烤制

烤箱中层，上火180℃，下火180℃，烤25分钟

详细制作过程

❶将低筋面粉用刮板开窝。

❷倒入5克细砂糖、牛奶，拌匀，再加入100克黄油，用手和成面团。

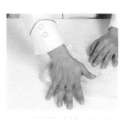

❸用保鲜膜将面团包好，压平，放入冰箱冷藏30分钟。

❹取出面团后轻轻地按压一下，撕掉保鲜膜，压薄。

❺取派皮模具，盖上底盘，放上面皮，沿着模具边缘贴紧，切去多余的面皮。

❻再次沿着模具边缘将面皮压紧，即制成派皮。

❼将50克细砂糖、鸡蛋倒入玻璃碗中，快速拌匀，再加入杏仁粉，搅拌均匀。

❽倒入50克黄油，搅拌至糊状，制成杏仁奶油馅。

❾将杏仁奶油馅倒入模具内，至五分满，并抹匀。

❿把烤箱温度调成上下火均180℃，放入装了模具的烤盘，烤25分钟至熟。

⓫取出烤盘，放置稍凉片刻后，去除模具，将烤好的派皮装入盘中。

⓬用小刀将洗净的提子雕成莲花形状，摆在派皮上即可。

杏仁牛奶苹果派

| 份量：1个 | 难易度：★★★☆☆

🧁 配方

细砂糖55克，低筋面粉200克，牛奶60毫升，黄油150克，杏仁粉50克，鸡蛋1个，苹果1个，蜂蜜适量

🥄 工具

刮板、搅拌器、长柄刮板、派皮模具、刷子各1个，玻璃碗2个，烤箱1个，保鲜膜适量

👨‍🍳 烤制

烤箱中层，上火180℃，下火180℃，烤30分钟

🍳 详细制作过程

1 将低筋面粉倒在操作台上，用刮板开窝。

2 倒入5克细砂糖、牛奶，用刮板搅拌匀。

3 加入100克黄油，用手和成面团。

4 用保鲜膜将面团包好，压平，放入冰箱冷藏30分钟。

5 取出面团后轻轻地按压一下，撕掉保鲜膜，压薄。

6 取一个派皮模具，盖上底盘。

7 放上面皮，沿着模具边缘贴紧，切去多余的面皮。

8 再次沿着模具边缘将面皮压紧。

9 将50克细砂糖、鸡蛋快速拌匀，加入杏仁粉，拌匀。

10 倒入50克黄油，搅拌至糊状，制成杏仁奶油馅。

11 将苹果洗净，去核，切片，放入淡盐水中泡5分钟。

12 将杏仁奶油馅倒入模具内。

13 将沥干水分的苹果片摆放在派皮上，至摆满为止。

14 倒入适量杏仁奶油馅，再将模具放入烤盘，放进冰箱冷藏20分钟。

15 取出烤盘后再放入烤箱，将烤箱温度调成上火180℃、下火180℃，烤30分钟，至其熟透。

16 取出烤盘，拿出模具，将苹果派脱模后装入盘中，刷上适量蜂蜜即可。

苹果派

▌份量：1个　▌难易度：★★★☆☆

🧁 配方

黄油150克，细砂糖55克，牛奶60毫升，低筋面粉200克，鸡蛋1个，杏仁粉50克，苹果片适量

🍴 工具

刮板、玻璃碗、长柄刮板、派皮模具、搅拌器各1个，擀面杖1根，烤箱1台

👨‍🍳 烤制

烤箱中层，上火180℃，下火180℃，烤30分钟

🍞 详细制作过程

❶ 将低筋面粉倒在案板上，开窝，加入5克细砂糖、牛奶，倒入100克黄油。

❷ 和匀，使材料融合，再揉搓一会儿，制成面团。

❸ 把面团擀薄，擀成0.3厘米厚的面皮。

❹ 取备好的派皮模具，放入面皮，压实，修齐边缘，即制成派皮。

❺ 另取一个大碗，倒入杏仁粉、50克细砂糖，再放入鸡蛋、50克黄油。

❻ 匀速地搅拌一会儿，至糖分完全融化，即成馅料。

❼ 将部分馅料盛入派皮中，放上洗净的苹果片。

❽ 再盛入余下的馅料，填满，铺开、摊平，即成苹果派生坯，待用。

❾ 将生坯装烤盘，再入预热的烤箱中，以上、下火均180℃的温度烤30分钟。

❿ 断电后取出烤盘，放凉后脱模，将成品放在盘中即可。

鲜果派

▌份量：1个 ▌难易度：★ ★ ★ ☆ ☆

零失败小贴士

派的边缘不宜太厚，以免烤制出来的成品口感不佳。

🧁 **配方**

黄油150克，细砂糖55克，牛奶60毫升，低筋面粉200克，鸡蛋1个，杏仁粉50克，蓝莓、葡萄、猕猴桃各适量

🍳 **工具**

刮板、长柄刮板各1个，玻璃碗2个，擀面杖1个，搅拌器1个，派皮模具1个，烤箱1台

👨‍🍳 **详细制作过程**

❶ 案台上倒入低筋面粉，用刮板开窝，倒入5克细砂糖、牛奶，拌匀。

❷ 加入100克黄油，刮入面粉，混合均匀，揉成纯滑面团。

❸ 面团用擀面杖擀成约半厘米厚的面皮。

❹ 备好派皮模具，将面皮整个铺盖在派盘上，按压紧实，填满整个派皮模具。

❺ 边缘多余面皮用刮板去除，再将边缘修剪齐整，制成派皮，待用。

❻ 取一玻璃碗，倒入杏仁粉，放入鸡蛋、50克细砂糖。

❼ 加入50克黄油，用搅拌器搅拌均匀，制成馅料。

❽ 用长柄刮板将馅料倒入派皮中，震匀、铺平。

❾ 将模具放入烤盘，再放入烤箱，温度调至上下火均180℃，烤30分钟至熟。

❿ 取出烤盘，将烤好的派脱膜，放入备好的盘中。

⓫ 派的表面先放入一圈洗净的葡萄。

⓬ 再放入一圈猕猴桃，最后中间倒上一些洗净的蓝莓即可。

可用保鲜膜将酥皮裹好再放入冰箱
冷藏，这样可以保持酥皮的水分。

丹麦奶油派

▍份量：2个　▍难易度：★★★★★

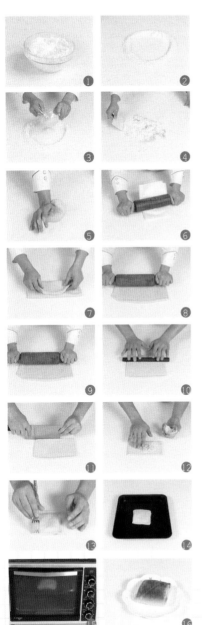

🧁 配方
高筋面粉170克，低筋面粉30克，细砂糖50克，黄油20克，奶粉12克，盐3克，干酵母5克，水88毫升，鸡蛋40克，片状酥油70克，白奶油40克，杏仁片适量

🍳 工具
刮板、玻璃碗各1个，擀面杖2根，叉子、刷子、菜刀各1把，烤箱1台，白纸1张

🍞 烤制
烤箱中层，上火190℃，下火190℃，烤15分钟

👨‍🍳 详细制作过程
1 将低筋面粉倒入装有高筋面粉的碗中，拌匀。

2 倒入奶粉、干酵母、盐拌匀，用刮板开窝。

3 倒入水、细砂糖，搅拌均匀。

4 放入鸡蛋拌匀，将材料混合均匀，揉搓成湿面团。

5 加入黄油，揉搓成光滑的面团。

6 用擀面杖将包着白纸的片状酥油擀薄，待用。

7 将面团擀成薄片，放上酥油片，将面皮折叠。

8 把面皮擀平。

9 先将三分之一的面皮折叠，再将剩下的折叠起来，放入冰箱，冷藏10分钟。

10 取出面皮，继续擀平，将上述动作重复操作两次。

11 取适量酥皮，用擀面杖擀薄，用刀将边缘切平整。

12 用刷子刷上一层白奶油，再铺上杏仁片。

13 将酥皮对折，边缘压扁封口，再扎上小孔。

14 将生坯放在烤盘里，常温发酵1.5小时。

15 把烤箱上下火均调为190℃，预热5分钟，放入发酵好的生坯烘烤15分钟至熟。

16 戴上手套，将烤好的奶油派取出，装盘即可。

酥类

零失败小贴士

莲蓉条要搓得粗细均匀，这样酥坯的外形才美观。

夹心酥

份量：28个　难易度：★★★★☆

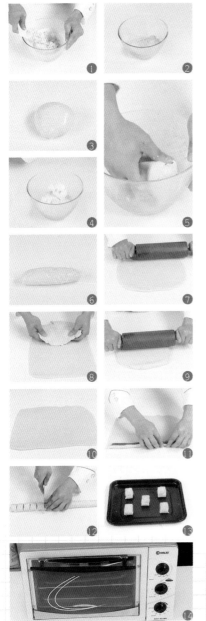

配方

水100毫升，低筋面粉450克，猪油120克，糖粉75克，莲蓉适量，蛋黄液、芝麻各少许

工具

擀面杖、刮板、刷子各1个，玻璃碗2个，菜刀1把，烤箱1台，保鲜膜适量

烤制

烤箱中层，上火190℃，下火200℃，烤20分钟

详细制作过程

1 将250克低筋面粉倒入碗中，加入糖粉、水拌匀。

2 放入40克猪油，搅拌一会儿，至面团纯滑。

3 再包上一层保鲜膜，静置约30分钟，即成水皮面团。

4 取一个碗，倒入200克低筋面粉，加入80克猪油。

5 匀速搅拌一会儿，至猪油溶化、面团纯滑。

6 用保鲜膜包好，静置约30分钟醒面，即成油皮面团。

7 用擀面杖将取出的水皮面团擀薄，待用。

8 取油皮面团，压平，擀成水皮的二分之一大小，放在擀薄的水皮面团上。

9 包好、对折，用擀面杖多擀几次，至材料完全融合。

10 将面皮切成两半，取其中一半，擀平待用。

11 取莲蓉揉搓成细条形，放在面皮上，慢慢地卷好面皮，呈紧密的圆筒状。

12 再切成大小均匀的剂子，将剂子轻轻压平，制成夹心酥生坯。

13 将生坯放入烤盘，表面刷上蛋黄液，撒上芝麻。

14 烤箱预热，放入烤盘，以上火190℃、下火200℃的温度，烤20分钟，至材料熟透，取出，摆盘即可。

千层酥

份量：6个 ▎难易度：★★★★☆

零失败小贴士

刷蛋液时，注意侧面的切口处不要刷，以免烘烤时粘在一起。

🧁 配方

低筋面粉220克，高筋面粉30克，黄油40克，细砂糖5克，盐1.5克，水125毫升，片状酥油180克，蛋黄液、白芝麻各适量

🍴 工具

擀面杖1根，刮板1个，量尺、小刀、刷子各1把，烤箱1台，白纸1张

🍞 烤制

烤箱中层，上火200℃，下火200℃，烤20分钟

🍮 详细制作过程

❶ 低筋面粉、高筋面粉，用刮板开窝，加细砂糖、盐、水拌匀，揉成光滑面团。

❷ 在面团上放上黄油，揉搓成光滑的面团，静置10分钟。

❸ 在操作台上铺一张白纸，放入片状酥油，包好，用擀面杖将片状酥油擀平。

❹ 将面团擀成片状酥油两倍大的面皮。

❺ 将片状酥油放在面皮的一边，另一边的面皮覆盖上片状酥油，折叠成长方块。

❻ 在操作台上撒少许低筋面粉，将包裹着片状酥油的面皮擀薄，对折四次。

❼ 将面皮放入盘中，放入冰箱冷藏10分钟，再将上述步骤重复操作三次。

❽ 在操作台上撒少许低筋面粉，放上冷藏过的面皮，用擀面杖将面皮擀薄。

❾ 将量尺放在面皮边缘，用刀将面皮边缘切平整，再把面皮对半切开，切三等份。

❿ 取其中两份，从面皮一端卷起，按压成三角形状，制成千层酥生坯，装入盘中。

⓫ 将千层酥生坯放入烤盘，刷上适量蛋黄液，撒上白芝麻。

⓬ 将烤盘放入烤箱，烤箱温度调成上、下火均200℃，烤20分钟至熟后取出即可。

零失败小贴士

制作莲蓉馅时，可在手上抹少许面粉，这样能防止莲蓉粘手。

皮蛋酥

■份量：28个　　■难易度：★★★★★

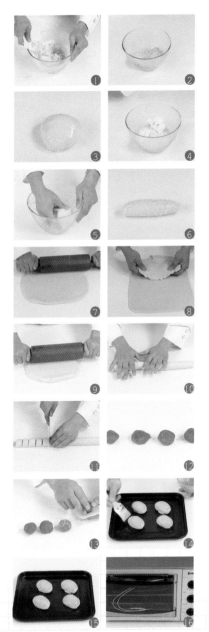

🧁 **配方**

水100毫升，低筋面粉450克，猪油120克，糖粉75克，莲蓉200克，切好的皮蛋45克，蛋黄液、芝麻各少许

🍴 **工具**

擀面杖1根，刮板、刷子各1个，玻璃碗2个，菜刀1把，烤箱1台，保鲜膜适量

🍞 **烤制**

烤箱中层，上火190℃，下火200℃，烤20分钟

👨‍🍳 **详细制作过程**

1 将250克低筋面粉装碗，加糖粉、水，慢慢和匀。

2 放入40克猪油，搅拌一会儿，至面团纯滑。

3 再包上一层保鲜膜，静置约30分钟，即成水皮面团。

4 取一个碗，倒入200克低筋面粉，加入80克猪油。

5 匀速搅拌一会儿，至猪油溶化、面团纯滑。

6 用保鲜膜包好，静置约30分钟，即成油皮面团。

7 台面上撒少许面粉，将取出的水皮面团擀薄，待用。

8 再取油皮面团，压平，擀成水皮的二分之一大小，放在擀薄的水皮面团上。

9 包好、对折，用擀面杖多擀几次，至材料完全融合。

10 将面皮切成两半，取其中一半擀平，卷成圆筒状。

11 分切成数个小剂子，压平，擀匀，制成圆饼坯。

12 取莲蓉，搓圆再压平，包入皮蛋，搓圆，制成馅。

13 将馅儿放入圆饼坯中，包好、捏紧，收好口，再轻轻压扁，制成酥坯。

14 将酥坯放入烤盘，用刷子均匀地刷上一层蛋黄液。

15 撒上芝麻，即成皮蛋酥生坯。

16 烤箱预热，放入烤盘，关好，以上火190℃、下火200℃的温度，烤20分钟，至材料熟透即成。

绿茶酥

份量：14个 ┃ 难易度：★★★★★

零失败小贴士

油皮和酥皮叠合后应多擀几次，可使绿茶粉的清香充分渗入面团中。

中筋面粉150克，细砂糖35克，猪油90克，水60毫升，低筋面粉100克，猪油50克，绿茶粉3克，莲蓉馅适量

🍞 工具

刮板1个，烘焙油纸1张，擀面杖1根，菜刀1把，烤箱1台

👨‍🍳 烤制

烤箱中层，上火180℃，下火180℃，烤25分钟

👨‍🍳 详细制作过程

❶将中筋面粉开窝，加入35克细砂糖，注入水，放入猪油拌匀，至糖分溶化。

❷再用力地揉搓一会儿，至材料纯滑，即成油皮面团，待用。

❸将低筋面粉倒在案板上，撒上绿茶粉，和匀，开窝。

❹放入50克猪油，拌匀，再揉搓一会儿，至材料纯滑，即成酥皮面团，待用。

❺取油皮面团，擀一会儿至呈0.5厘米左右的薄皮。

❻再把酥皮面团压平，放在面皮上。

❼折起面皮，再擀一会儿，擀成0.3厘米左右的薄片。

❽将薄片卷起，卷至呈圆筒状，分成数个小剂子。

❾将小剂子擀薄，盛入适量莲蓉馅，包好，收紧口。

❿做成数个绿茶酥生坯，放在垫有烘焙油纸的烤盘中。

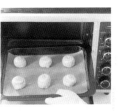

⓫烤箱预热，放入烤盘，以上、下火同为180℃的温度，烤25分钟至熟透。

⓬断电后取出烤盘，把成品摆盘即可。

奶香核桃酥

份量：12块 **难易度：**★ ★ ★ ☆

🧁 配方

低筋面粉250克，泡打粉3克，猪油100克，鸡蛋20克，奶粉25克，细砂糖100克，水25克，小苏打5克，蛋黄30克，核桃适量

🍴 工具

刮板、刷子各1个，烤箱1台

👨‍🍳 烤制

烤箱中层，上火180℃，下火160℃，烤15分钟

👨‍🍳 详细制作过程

❶ 将低筋面粉、泡打粉、奶粉倒在面板上，搅拌均匀。

❷ 在中间掏一个窝，加入细砂糖、鸡蛋，在中间搅拌匀。

❸ 倒入水、小苏打，搅匀，加入猪油，将四周的面粉覆盖住中间的食材。

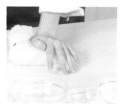

❹ 边翻搅，边按压，使面团均匀、平滑。

❺ 将面团搓成宽长条，切成大小一致的块，搓圆，放入烤盘中按压成圆饼状。

❻ 在酥饼上刷一层蛋液，再在饼坯的中间放上核桃。

❼ 将剩余面团依次做成核桃酥坯，放入预热好的烤箱内，关好烤箱门。

❽ 烤箱温度调为上火180℃、下火160℃，时间定为15分钟，烤出香味。

❾ 待15分钟后，打开烤箱门，戴上隔热手套，将烤盘取出。

❿ 将烤好的酥饼装入盘中，稍放凉后即可食用。

零失败小贴士

用刀切四角时要掌握好力度，以免将其切断。

风车酥

┃份量：6个 ┃难易度：★★★★★

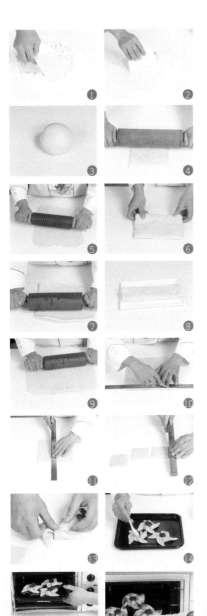

🧁 配方

低筋面粉220克，高筋面粉30克，黄油40克，细砂糖5克，盐1.5克，水125毫升，片状酥油180克，蛋黄液、草莓酱各适量

🍴 工具

擀面杖、刮板各1个，量尺、小刀、刷子各1把，烤箱1个，白纸1张

👨‍🍳 烤制

烤箱中层，上火200℃，下火200℃，烤20分钟

🧑‍🍳 详细制作过程

1 在操作台上倒入低筋面粉、高筋面粉，用刮板开窝。

2 倒入细砂糖、盐、水拌匀，揉搓成光滑面团。

3 放上黄油，揉搓成光滑面团，静置10分钟。

4 将片状酥油用白纸包好，用擀面杖擀平，待用。

5 将面团擀成片状酥油两倍大的面皮。

6 将面皮包裹住片状酥油，折叠成长方块。

7 将包裹着片状酥油的长方块面皮擀薄，对折四次。

8 面皮装盘后放冰箱冷藏10分钟，重复上述操作3次。

9 将冷藏过的面皮用擀面杖将面皮擀薄。

10 将量尺放在面皮边缘，用刀将面皮边缘切平整。

11 再把面皮对半切开。

12 将量尺放在面皮上，将面皮切成三等份的正方形。

13 在面皮四角各划一刀，取其中一边呈顺时针方向，往中间按压，呈风车形状。

14 将面皮放入烤盘，刷上蛋黄液，中间放入草莓酱。

15 将烤盘放入烤箱，以上火200℃、下火200℃的温度，烤20分钟至熟。

16 取出烤盘，将烤好的风车酥装入盘中即可。

花生酥

| 份量：40块 | 难易度：★ ★ ★ ☆ ☆

配方

低筋面粉500克，猪油220克，白糖330克，鸡蛋1个，臭粉3.5克，泡打粉5克，食粉2克，水50毫升，烤花生少许，蛋黄2个

工具

筛网、刷子、刮板各1个，烤箱1台

烤制

烤箱中层，上火175℃，下火180℃，烤15分钟

详细制作过程

1 将低筋面粉、食粉、泡打粉、臭粉混合，过筛，撒在案板上，用刮板开窝。

2 分别加入白糖、鸡蛋、水拌匀。

3 放入猪油，搅匀，制成面团。

4 把面团搓成长条，分成数段，备用。

5 将蛋黄打散、搅匀，制成蛋液待用。

6 面团分数个剂子，搓圆后入烤盘，在中间压一小孔。

7 刷上蛋液，嵌入烤花生，制成生坯。

8 烤箱预热，放入烤盘，以上火175℃、下火180℃的温度，烤15分钟。

9 取出烤盘，待稍微冷却后即可食用。

PART 8

布丁、
果冻篇

　　布丁是英国的传统食品，是一种半凝固状的冷冻甜品，主要材料为鸡蛋和奶黄。果冻也是一种西点，靠明胶的凝胶作用凝固而成，可使用不同的模具产出风格、形态各异的成品。本章主要介绍各式布丁、果冻，带您玩转极具动感的经典美味。

布丁类

零失败小贴士

樱桃在使用之前应先去核，这样更
方便食用。

樱桃布丁

┃份量：6个 ┃难易度：★★☆☆☆

🧁 配方

牛奶500毫升，鸡蛋3个，蛋黄30克，细砂糖240克，纯净水40毫升，热水10毫升，樱桃适量

🍳 工具

搅拌器、量杯、筛网各1个，小刀1把，布丁模具4个，烤箱1台，奶锅1个

👨‍🍳 烤制

烤箱中层，上火160℃，下火160℃，烤20分钟

🍮 详细制作过程

1 洗净的樱桃切小丁，去核，装入碗中待用。

2 奶锅置于火上，放入牛奶，加入细砂糖。

3 开小火，搅拌均匀至细砂糖溶化，关火待用。

4 加入鸡蛋、蛋黄，将蛋液打散，搅匀。

5 用筛网将蛋液过滤一次，再倒入容器中。

6 用筛网将蛋液再过滤一次。

7 往蛋液中倒入切好的樱桃，待用。

8 细砂糖倒入锅中，加入纯净水，开小火。

9 煮至溶化，加入10毫升热水，制成糖水。

10 在布丁模具中分别倒入少量糖水。

11 再分别倒入布丁液，至七分满即可。

12 把樱桃布丁放入烤盘中，在烤盘中加少量水。

13 打开烤箱，将烤盘放入烤箱中。

14 关上烤箱，以上火160℃、下火160℃的温度，烤20分钟至熟。

15 取出烤盘，再冷藏半个小时。

16 将布丁脱模，倒扣在盘中即成。

草莓牛奶布丁

| 份量：6个 | 难易度：★★☆☆☆

🧁 配方

牛奶500毫升，细砂糖40克，香草粉10克，蛋黄2个，鸡蛋3个，草莓粒20克

🍮 工具

玻璃碗、量杯、搅拌器、筛网各1个，牛奶杯4个，烤箱1台，奶锅1个

👨‍🍳 烤制

烤箱中层，上火160℃，下火160℃，烤15分钟

👨‍🍳 详细制作过程

❶ 将锅置于火上，倒入备好的牛奶，用小火煮热。

❷ 加入细砂糖、香草粉，改大火，搅拌匀，关火后放凉。

❸ 将鸡蛋、蛋黄倒入玻璃碗中，用搅拌器搅拌均匀。

❹ 把放凉的牛奶慢慢地倒入蛋液中，边倒边搅拌。

❺ 将拌好的材料用筛网过筛两次。

❻ 将材料先倒入量杯中，再倒入牛奶杯，倒至八分满。

❼ 将牛奶杯放入烤盘中，烤盘上倒入适量清水。

❽ 将烤盘放入烤箱，温度调成上火160℃、下火160℃，烤15分钟至熟。

❾ 取出烤好的牛奶布丁，放凉。

❿ 在布丁上放入草莓粒，作装饰即可。

零失败小贴士

牛奶一定要放凉后再倒入蛋液中，
以免蛋液结块。

零失败小贴士

可以加入捣碎的新鲜草莓，这样口感更佳。

草莓双色布丁

┃ 份量：4个 ┃ 难易度：★☆☆☆☆

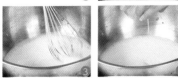

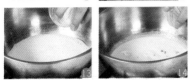

🧁 配方

炼奶20克，纯牛奶300毫升，细砂糖30克，植物鲜奶油50克，吉利丁片2片，草莓果酱30克

🍴 工具

搅拌器、玻璃碗各1个，玻璃杯1个，不锈钢锅1个

👨‍🍳 详细制作过程

1 将1片吉利丁片放入清水中，浸泡4分钟至软，备用。

2 锅中倒入150毫升纯牛奶、15克细砂糖。

3 用小火加热，搅拌至细砂糖溶化。

4 将炼奶倒入锅中，搅拌均匀。

5 捞出泡软的吉利丁片，挤干水分。

6 放入锅中，搅拌至溶化。

7 加入25克植物鲜奶油，拌匀后关火，制成奶酪浆。

8 取一个玻璃杯，倒入奶酪浆，再放入冰箱冷藏30分钟，备用。

9 将1片吉利丁片放入清水中，浸泡4分钟至软，备用。

10 锅中倒入150毫升纯牛奶、15克细砂糖，用小火加热，搅拌至细砂糖溶化。

11 捞出泡软的吉利丁片，挤干水分。

12 放入锅中，搅拌至溶化，关火。

13 倒入25克植物鲜奶油，拌匀。

14 加入草莓果酱，搅拌均匀，制成草莓浆。

15 取出冻好的奶酪浆，倒入草莓浆，再放入冰箱冷藏30分钟至其成形。

16 取出冻好的草莓双色布丁即可。

零失败小贴士

香蕉泥可用筛网过筛后再加入锅
中，口感会更细滑。

香蕉双层布丁

█ 份量：4个　█ 难易度：★☆☆☆☆

🧁 配方

纯牛奶300毫升，香蕉果肉50克，细砂糖30克，植物鲜奶油50克，吉利丁片4片，蛋黄2个

🥄 工具

玻璃杯1个，玻璃碗2个，搅拌器1个，勺子1个，不锈钢锅1个

👨‍🍳 详细制作过程

1 将2片吉利丁片放入冷水中，浸泡4分钟至软化。

2 取一玻璃碗，放入香蕉果肉，捣碎，制成香蕉泥。

3 锅中倒入150毫升纯牛奶、15克细砂糖，用小火加热，搅拌至细砂糖溶化。

4 将泡软的吉利丁片捞出并挤干水分。

5 将吉利丁片放入锅中，搅拌至溶化。

6 放入香蕉泥，拌匀。

7 加入25克植物鲜奶油，搅拌至溶化后关火，制成香蕉奶酪浆。

8 取玻璃杯，倒入香蕉奶酪浆至六分满，放入冰箱冷藏30分钟至凝固。

9 将2片吉利丁片放入冷水中，浸泡4分钟至软化。

10 锅中倒入150毫升纯牛奶、15克细砂糖，用小火加热，搅拌至细砂糖溶化。

11 将泡软的吉利丁片捞出，并挤干水分，放入锅中，搅拌至溶化。

12 加入蛋黄，快速拌匀。

13 倒入25克植物鲜奶油，拌匀后关火，制成布丁浆。

14 取出冷藏好的香蕉奶酪浆，倒入煮好的布丁浆至七、八分满，放入冰箱冷藏30分钟至成形后取出即可。

焦糖布丁

份量：6个　｜　难易度：★★☆☆☆

零失败小贴士

煮焦糖的时候要不停地晃动锅，以免产生糊味。

🧁 **配方**

蛋黄2个，鸡蛋3个，牛奶250毫升，香草粉1克，细砂糖250克，冷水适量

🍴 **工具**

筛网、量杯、玻璃碗、搅拌器各1个，牛奶杯4个，烤箱1个，奶锅1个

🍞 **烤制**

烤箱中层，上火175℃，下火180℃，烤15分钟

👨‍🍳 **详细制作过程**

❶ 锅置火上，倒入200克细砂糖、冷水拌匀，煮3分钟，至材料呈琥珀色。

❷ 关火后倒出材料，装在牛奶杯，常温下冷却约10分钟，至糖分凝固。

❸ 取一个干净的玻璃碗，倒入鸡蛋、蛋黄、50克细砂糖。

❹ 撒上香草粉，搅拌均匀。

❺ 注入牛奶，快速搅拌一会儿，至糖分完全溶化，制成蛋液。

❻ 将蛋液倒入量杯。

❼ 再用筛网过筛两遍，滤出颗粒状杂质，使蛋液更细滑。

❽ 取冷却后的牛奶杯，倒入蛋液，至七八分满，制成焦糖布丁生坯。

❾ 将焦糖布丁生坯放入烤盘中，再在烤盘外围倒入少许清水，待用。

❿ 烤箱预热片刻，再放入烤盘。

⓫ 将烤箱的温度设为上火175℃、下火180℃，烤15分钟，至生坯熟透。

⓬ 断电后取出烤盘，待稍微冷却后，即可食用。

红茶布丁

▌份量：4个 ▌难易度：★☆☆☆☆

零失败小贴士

烤盘中的水不要加得太少，以免布丁烤焦。

🧁 **配方**

袋装红茶2包，纯牛奶410毫升，细砂糖80克，鸡蛋1个，蛋黄4个

🍞 **工具**

搅拌器、筛网、量杯、玻璃碗各1个，牛奶杯4个，烤箱1台，不锈钢锅1个

👨‍🍳 **烤制**

烤箱中层，上火170℃，下火160℃，烤15分钟

👨‍🍳 **详细制作过程**

❶往不锈钢锅中倒入200毫升纯牛奶，用大火煮开。

❷放入袋装红茶包，转小火略煮一会儿，取出红茶包后关火。

❸将蛋黄、鸡蛋、细砂糖倒入容器中，用搅拌器搅拌均匀。

❹倒入剩余纯牛奶，快速搅拌均匀。

❺用筛网将拌好的材料过筛两遍。

❻倒入煮好的红茶牛奶，拌匀，制成红茶布丁液。

❼将红茶布丁液倒入量杯中，再倒入牛奶杯内。

❽把牛奶杯放入烤盘，在烤盘上倒入适量清水。

❾将烤盘放入烤箱。

❿将烤箱的温度调成上火170℃、下火160℃，烤15分钟。

⓫取出烤盘，放凉。

⓬将红茶布丁装入盘中即可。

果冻类

柠檬汁果冻

▌份量：2杯　▌难易度：★☆☆☆☆

🧁 配方

柠檬汁15毫升，白糖30克，吉利丁片2片，水200毫升

🍰 详细制作过程

1 把吉利丁片放入清水中浸泡4分钟至其变软。

2 捞出泡好的吉利丁片，装碗备用。

3 把200毫升水倒入锅中，再放入白糖，用搅拌器搅拌均匀。

4 倒入柠檬汁，搅匀。

5 放入吉利丁片，搅匀，煮至溶化。

6 把锅中果冻汁倒入玻璃杯中，再放入冰箱，冷冻1小时至果冻成形。

7 取出果冻即可。

🍽 工具

搅拌器、玻璃杯各1个，玻璃碗2个，不锈钢锅1个

芒果果冻

份量：2杯　难易度：★☆☆☆☆

配方

芒果肉适量，吉利丁片2片，白糖30克，水200毫升

详细制作过程

1 把吉利丁片放入清水中浸泡4分钟至其变软。

2 捞出泡好的吉利丁片，装碗备用。

3 把200毫升水倒入锅中，再放入白糖，用搅拌器搅拌均匀。

4 放入吉利丁片，搅匀，煮至溶化。

5 倒入洗净的芒果肉，拌匀。

6 把锅中果冻汁倒入玻璃杯中，再放入冰箱，冷冻1小时至果冻成形。

7 取出果冻，放上适量芒果肉即可。

工具

搅拌器、玻璃杯各1个，玻璃碗2个，不锈钢锅1个

提子果冻

份量： 4杯　　**难易度：** ★☆☆☆☆

配方

纯净水250毫升，果冻粉10克，细砂糖50克，提子适量

详细制作过程

1 提子洗净，对半切开，待用。

2 纯净水倒入奶锅中，煮至沸腾。

3 加入果冻粉，拌匀，加入细砂糖。

4 拌匀至锅中材料溶化，待用。

5 提子放进备好的果冻模具中。

6 倒入锅中的果冻汁至八分满即可。

7 将果冻放凉过后，再放入冰箱中，冷藏半个小时后取出即可。

工具

搅拌器1个，果冻模具2个，小刀1把，奶锅1个

甜橙果冻

份量：2杯 **难易度：★☆☆☆☆**

🧁 配方

橙子肉50克，吉利丁片2片，白糖30克，橙汁35毫升，水100毫升

🍴 工具

搅拌器、玻璃杯、玻璃碗各1个，不锈钢锅1个

👨‍🍳 详细制作过程

1 将吉利丁片放入清水中浸泡4分钟至其变软。

2 捞出泡好的吉利丁片，备用。

3 把100毫升水倒入锅中，放入白糖，用搅拌器搅匀，煮至溶化。

4 倒入橙汁，搅匀。

5 放入吉利丁片，搅匀，煮至溶化。

6 把锅中果冻汁倒入玻璃杯中，待凉后放入冰箱冷冻1小时至果冻成形。

7 取出果冻，放上备好的橙子肉即可。

火龙果果冻

▍份量：2杯 ▍难易度：★☆☆☆☆

🧁 配方

火龙果肉100克，吉利丁片2片，白糖30克，水200毫升

🍱 详细制作过程

1 把吉利丁片放入清水中浸泡4分钟至其变软。

2 捞出泡好的吉利丁片，装碗备用。

3 把200毫升水倒入锅中，再放入白糖，用搅拌器搅拌均匀。

4 倒入吉利丁片，搅拌均匀，煮至溶化。

5 放入火龙果肉，搅匀。

6 把锅中果冻汁倒入陶瓷杯中，待凉后放入冰箱冷冻1小时至果冻成形。

7 取出果冻，放入少许火龙果肉即可。

🍴 工具

搅拌器、陶瓷杯各1个，玻璃碗2个，不锈钢锅1个

红提果冻

┃ 份量：2杯 ┃ 难易度：★☆☆☆☆

🧁 配方

红提100克，白糖30克，吉利丁片2片，水200毫升

👨‍🍳 详细制作过程

1 把吉利丁片放入清水中浸泡4分钟至其变软。

2 捞出泡好的吉利丁片，装碗备用。

3 把200毫升水倒入锅中，再放入白糖，用搅拌器搅拌均匀。

4 放入吉利丁片，煮至溶化。

5 把锅中部分果冻汁盛入玻璃杯中。

6 将洗净的红提放入杯中，再倒入剩余的果冻汁，至九分满，放入冰箱冷冻1小时至果冻成形。

7 取出果冻即可。

🍴 工具

搅拌器、玻璃杯各1个，玻璃碗2个，不锈钢锅1个

抹茶果冻

▌份量：4杯 ▌难易度：★☆☆☆☆

🧁 配方

纯净水250毫升，果冻粉10克，细砂糖50克，抹茶粉10克

🍰 详细制作过程

1 纯净水倒入奶锅中，煮至沸腾。

2 将锅中材料加入果冻粉、细砂糖。

3 将锅中材料拌匀至融化。

4 放入抹茶粉。

5 将锅中材料搅拌均匀后关火，待用。

6 把拌好的材料倒进果冻模具中至八分满。

7 将果冻放凉过后，再放入冰箱，冷藏半个小时后取出即可。

🍴 工具

搅拌器1个，果冻模具2个，奶锅1个

PART 9
其他
小西点篇

  甜甜圈是用面粉、白砂糖、奶油和鸡蛋混合后经过油炸的甜食；松饼以面粉、水为原料，用华夫炉制成；马卡龙是以蛋白、面粉、细砂糖等为原料制成的法式甜点，每两块中间夹有水果酱、奶油等；奶酪即是浓缩的牛奶；装饰片一般用巧克力及其他材料制成。本章内容涵盖这五类西点，带你细品其中的正统风味。

甜甜圈类

零失败小贴士

炸甜甜圈的油温要适中，太高容易
炸焦，太低则面团吸油较多。

甜甜圈

┃份量：6个 ┃难易度：★★★☆☆

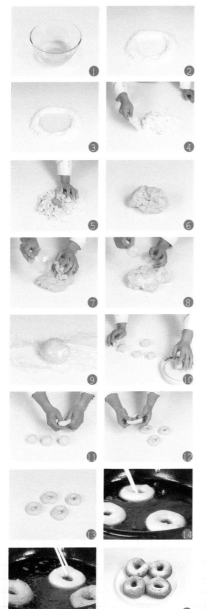

🧁 配方

高筋面粉500克，黄油70克，奶粉20克，细砂糖100克，盐5克，鸡蛋1个，水200毫升，酵母8克，糖粉、食用油各适量

🍴 工具

搅拌器、刮板、筛网、玻璃碗各1个，筷子1双，电子秤1台，平底锅1个，保鲜膜适量

👨‍🍳 详细制作过程

1 将细砂糖、水倒入玻璃碗中，搅拌均匀，拌至细砂糖溶化，待用。

2 把高筋面粉、酵母、奶粉倒在案台上，用刮板开窝。

3 倒入备好的糖水。

4 将材料混合均匀，并按压成形。

5 加入鸡蛋。

6 将材料混合均匀，揉搓成面团。

7 将面团稍微拉平，倒入黄油，揉搓均匀。

8 加入盐，揉搓成光滑的面团。

9 用保鲜膜将面团包好，静置10分钟。

10 将面团分成数个60克的小面团。

11 用手在小面团中间戳一个洞。

12 再将小面团轻轻地拉扯成一个圆圈。

13 制成甜甜圈生坯，使其发酵10分钟。

14 油锅烧热，放入发酵好的甜甜圈生坯。

15 用小火炸3分钟至一面呈金黄色后，再翻面，继续炸3分钟至熟。

16 将炸好的甜甜圈捞出，装入盘中，将糖粉过筛至甜甜圈上即可。

巧克力甜甜圈

▌ 份量：4个 ▌ 难易度：★★★☆☆

零失败小贴士

炸甜甜圈时最好用筷子多翻动，以使其内外受热均匀。

🧁 配方

高筋面粉250克，酵母4克，奶粉15克，黄油35克，纯净水100毫升，细砂糖50克，蛋黄25克，黑巧克力、食用油各适量

🍴 工具

刮板、玻璃碗、铁架、甜甜圈模具各1个，擀面杖1根，筷子2双，平底锅、不锈钢锅各1个，白纸1张

👨‍🍳 详细制作过程

❶ 将高筋面粉、酵母、奶粉倒在面板上，用刮板拌匀、铺开，开窝。

❷ 倒入细砂糖、蛋黄，拌匀。

❸ 加入纯净水，用刮板搅拌均匀，用手按压成型。

❹ 放入黄油，揉至表面光滑。

❺ 用擀面棍把面团擀成厚度均匀的面皮。

❻ 用甜甜圈模具转动、按压面皮，制成数个甜甜圈生坯。

❼ 将生坯放到盘子当中，静置片刻至其发酵至两倍大左右。

❽ 锅中注油烧热，放入甜甜圈生坯，小火炸至两面金黄。

❾ 捞出炸好的甜甜圈，装盘待用。

❿ 锅中加水，将装有巧克力的碗放入锅中，用筷子搅拌，煮至融化，关火备用。

⓫ 铺好白纸，放上铁架，再放上甜甜圈，淋上已经融化好的巧克力酱。

⓬ 等巧克力酱固定之后，将甜甜圈放入盘中即可。

松饼类

格子松饼

份量：8块 ┃ 难易度：★☆☆☆☆

零失败小贴士

在华夫炉上抹黄油时要抹匀，以免取出时将松饼弄破。

🧁 **配方**

纯牛奶200毫升，细砂糖75克，低筋面粉180克，泡打粉5克，盐2克，蛋白、蛋黄各3个，溶化的黄油30克，糖粉、黄油各适量

🍞 **工具**

华夫炉1台，玻璃碗2个，电动搅拌器、搅拌器各1个，勺子1个，小刀1把

👨‍🍳 **烤制**

华夫炉温度调170℃，烤1分钟

👨‍🍳 **详细制作过程**

❶ 将蛋黄、低筋面粉、泡打粉、细砂糖、纯牛奶装碗，用搅拌器快速拌匀。

❷ 加入溶化的黄油，搅拌匀。

❸ 取另外一个玻璃碗，倒入蛋白，用电动搅拌器快速打发。

❹ 将打发好的蛋白倒入拌好的蛋黄中，搅拌均匀。

❺ 把拌好的材料放入冰箱中冷藏30分钟后取出。

❻ 将华夫炉温度调成170℃。

❼ 在华夫炉上均匀涂上适量黄油。

❽ 倒入适量拌好的材料，烤至材料起泡。

❾ 盖上华夫炉盖子，烤1分钟至其熟透。

❿ 打开华夫炉盖子，关闭开关，待凉后取出松饼。

⓫ 将烤好的格子松饼放在白纸上，沿着松饼的纹路切四等份。

⓬ 装入盘中，撒上适量糖粉即可。

PART 9　其他小西点篇　233

PART 9　其他小西点篇　233

巧克力华夫饼

▌份量：8块 ▌难易度：★★☆☆☆

零失败小贴士

裱花袋的口不要剪太大，否则不易
控制挤出的量。

🧁 **配方**

纯牛奶200毫升，溶化的黄油30克，细砂糖75克，低筋面粉180克，泡打粉5克，盐2克，蛋白、蛋黄各3个，黄油适量，黑巧克力液30克，草莓3颗，蓝莓少许

🍞 **工具**

裱花袋、搅拌器、刷子、电动搅拌器各1个，玻璃碗2个，剪刀、菜刀各1把，华夫炉1台

👨‍🍳 **烤制**

华夫炉温度调200℃，烤1分钟

🍞 **详细制作过程**

❶将细砂糖、纯牛奶倒入玻璃碗中，用搅拌器拌匀，加入低筋面粉，搅拌均匀。

❷倒入蛋黄、泡打粉，再放入盐。

❸再倒入溶化的黄油，搅拌均匀，至其呈糊状。

❹将蛋白倒入另一个玻璃碗中，用电动搅拌器打发。

❺把打发好的蛋白倒入面糊中，搅拌匀。

❻将华夫炉温度调成200℃，预热，刷上黄油，至其溶化。

❼将拌好的材料倒在华夫炉中，至其起泡。

❽盖上盖，烤1分钟至熟。

❾揭开盖，取出烤好的华夫饼，放在白纸上，切成四等份。

❿将华夫饼装入盘中，放上洗净的蓝莓，再摆上清洗好的草莓。

⓫把黑巧克力液装入裱花袋中，并在尖端剪一个小口。

⓬将黑巧力液快速地挤在华夫饼上即可。

马卡龙类

零失败小贴士

若没有鲜奶油，可用其他甜品酱料替代。

抹茶马卡龙

▍份量：8个 ▍难易度：★★★★☆

🧁 配方

细砂糖150克，水30毫升，蛋白45克，杏仁粉120克，蛋白50克，糖粉120克，打发好的鲜奶油适量，抹茶粉5克

🎛 工具

电动搅拌器、刮板、筛网、长柄刮板各1个，裱花袋、玻璃碗各2个，硅胶1块，剪刀1把，温度计1支，烤箱1台，不锈钢锅1个

🍞 烤制

烤箱中层，上火150℃，下火150℃，烤15分钟

👨‍🍳 详细制作过程

1 将容器置于火上，倒入水、细砂糖，拌匀。

2 煮至细砂糖溶化，用温度计测水温为118℃后关火。

3 将50克蛋白倒入碗中，用电动搅拌器打发至起泡。

4 边倒入煮好的糖浆，边搅拌，制成蛋白部分，备用。

5 在另一碗中倒入杏仁粉，将糖粉过筛至碗中。

6 加入45克蛋白，搅拌成糊状。

7 倒入三分之一的蛋白部分，搅拌均匀。

8 把拌好的材料倒入剩余的蛋白部分中，拌匀成面糊。

9 加入抹茶粉，拌匀，制成抹茶面糊，装入裱花袋中。

10 将裱花袋的尖端剪一小口，再把硅胶放在烤盘上。

11 烤盘中挤上大小均等的圆饼状面糊，待其凝固成形。

12 将烤盘放入烤箱中，以上火150℃、下火150℃的温度，烤15分钟至熟。

13 从烤箱中取出烤盘，放凉待用。

14 把打发的鲜奶油装入裱花袋中，在尖端剪一小口。

15 取一块烤好的面饼，挤上适量打发好的鲜奶油。

16 再取一块面饼，盖在鲜奶油上方，制成马卡龙，依此完成余下的马卡龙即成。

马卡龙

| 份量：8个 | 难易度：★★★★☆

零失败小贴士

要待面糊凝固成形后再放入烤箱，
否则烤好的面饼易变形。

🧁 配方

细砂糖150克，水30毫升，蛋白45克，杏仁粉120克，蛋白50克，糖粉120克，打发好的鲜奶油适量

🍞 烤制

烤箱中层，上火150℃，下火150℃，烤15分钟

🔧 工具

电动搅拌器、刮板、筛网、长柄刮板各1个，裱花袋、玻璃碗各2个，硅胶1块，剪刀1把，温度计1支，烤箱1台，不锈钢锅1个

👨‍🍳 详细制作过程

❶将锅置于火上，倒入水、细砂糖，搅拌均匀。

❷煮至细砂糖完全溶化，用温度计测水温为118℃后关火。

❸将50克蛋白倒入碗中，用电动搅拌器打发至起泡。

❹一边倒入煮好的糖浆，一边搅拌，制成蛋白部分，备用。

❺在另一碗中倒入杏仁粉，将糖粉过筛至大碗中。

❻加入45克蛋白，搅拌成糊状。

❼加三分之一蛋白部分拌匀，再与剩余蛋白部分拌匀，制成面糊，倒入裱花袋中。

❽硅胶放烤盘上，裱花袋尖端剪开，在烤盘中挤上大小均等的面糊，待其凝固。

❾将烤盘放入烤箱中，以上火150℃、下火150℃的温度烤15分钟后取出放凉。

❿把打发好的鲜奶油装入裱花袋中，在尖端部位剪一小口。

⓫取一块烤好的面饼，挤上适量打发好的鲜奶油。

⓬再取一块面饼，盖在鲜奶油上方，制成马卡龙，装盘即成。

奶酪类

零失败小贴士

芒果肉纤维较多，可用筛网过滤一下，这样做出的芒果泥口感更好。

原味奶酪

份量： 2杯　**难易度：** ★★☆☆☆

🧁 配方

纯牛奶250毫升，细砂糖100克，植物鲜奶油250克，朗姆酒适量，吉利丁片2片，芒果肉馅适量，打发好的鲜奶油适量

🍳 工具

三角铁板、搅拌器、玻璃杯、裱花袋、裱花嘴、勺子、玻璃碗各1个，剪刀1把，不锈钢锅1个

👨‍🍳 详细制作过程

❶ 将吉利丁片放入清水中，浸泡4分钟至其变软，备用。

❷ 锅置于火上，倒入纯牛奶、细砂糖，用小火加热，搅拌至细砂糖溶化。

❸ 取出泡好的吉利丁片，挤干水分。

❹ 放入锅中，搅拌至溶化。

❺ 倒入植物鲜奶油，用搅拌器搅拌均匀，制成奶酪浆。

❻ 取一个玻璃杯，倒入制成的奶酪浆，至八分满即可。

❼ 倒入朗姆酒。

❽ 拌匀，将拌好的奶酪浆放入冰箱冷藏30分钟后取出。

❾ 将裱花嘴装在裱花袋顶部，剪去裱花袋尖端，装入打发好的鲜奶油。

❿ 在杯子中放入芒果果肉馅，挤上适量鲜奶油作装饰即可。

巧克力奶酪

份量：4杯   **难易度：**★☆☆☆☆

🧁 配方

纯牛奶250毫升，细砂糖100克，植物鲜奶油250克，朗姆酒适量，吉利丁片2片，巧克力果膏50克

🍴 工具

搅拌器、三角铁板、玻璃碗、高脚杯各1个，不锈钢锅1个

👨‍🍳 详细制作过程

1 将备好的吉利丁片放入清水中，浸泡4分钟至其变软，备用。

2 锅中倒入纯牛奶、细砂糖。

3 用小火加热，搅拌至细砂糖溶化。

4 取出泡好的吉利丁片，挤干水分。

5 将吉利丁片放入锅中，煮至溶化。

6 倒入植物鲜奶油，搅拌均匀后关火。

7 锅中倒入朗姆酒，搅拌均匀，制成奶酪浆。

8 取一个高脚杯，倒入奶酪浆，至八分满，放入冰箱冷藏30分钟后取出。

9 将巧克力果膏倒在奶酪上，抹匀即可。

香橙奶酪

▌份量：4杯 ▌难易度：★☆☆☆☆

🧁 配方

纯牛奶250毫升，细砂糖100克，植物鲜奶油250克，朗姆酒适量，吉利丁片2片，香橙浓缩汁20毫升

🍴 工具

搅拌器、玻璃碗、玻璃杯各1个，不锈钢锅1个

🏠 详细制作过程

1 将备好的吉利丁片放入清水中，浸泡4分钟至其变软，备用。

2 锅中倒入纯牛奶、细砂糖。

3 用小火加热，搅拌至细砂糖溶化。

4 取出泡好的吉利丁片，挤干水分。

5 将吉利丁片放入锅中，再倒入植物鲜奶油，煮至溶化后关火。

6 锅中倒入朗姆酒，拌匀，制成奶酪浆。

7 取一个玻璃杯，倒入奶酪浆，至七分满，放入冰箱冷藏30分钟后取出。

8 将香橙浓缩汁倒在奶酪上即可。

零失败小贴士

添加少许盐能使奶酪的风味更佳。

英式红茶奶酪

┃ 份量：4块 ┃ 难易度：★★★☆☆

🧁 配方

鸡蛋5个，细砂糖75克，黄油75克，盐1克，蛋糕油9克，低筋面粉265克，纯牛奶60毫升，水75毫升，泡打粉8克，红茶末12克，提子干少许，打发好的鲜奶油适量

🥄 工具

电动搅拌器、长柄刮板、玻璃碗各1个，蛋糕刀、抹刀各1把，烤箱1台，烘焙油纸、白纸各1张

🍞 烤制

烤箱中层，上火170℃，下火170℃，烤18分钟

👨‍🍳 详细制作过程

1 将鸡蛋、细砂糖装碗，用电动搅拌器快速搅匀。

2 加入黄油，搅拌均匀。

3 倒入115克低筋面粉、蛋糕油、盐、泡打粉，拌匀。

4 一边加入纯牛奶，一边搅拌。

5 倒入150克低筋面粉、红茶末，快速搅拌成糊状。

6 加入提子干，搅匀。

7 倒入水，用电动搅拌器快速拌匀，拌成纯滑的面浆。

8 把烘焙油纸铺在烤盘里，倒入面浆，抹平整。

9 把烤盘放入烤箱中，关上箱门，以上火170℃、下火170℃的温度，烤18分钟至熟。

10 打开箱门，取出烤好的奶酪。

11 在案台上铺白纸，把烤好的奶酪倒扣在白纸上。

12 撕掉粘在奶酪上的烘焙油纸。

13 将奶酪边缘切齐整，再切成均等的长条块。

14 在3块奶酪上均匀地抹上一层鲜奶油。

15 将每三块奶酪叠在一起。

16 将叠好的奶酪对半切开，装入盘中即可。

红豆巧克力片

▌份量：8块 ▌难易度：★☆☆☆☆

 配方

白巧克力100克，南瓜仁20克，熟红豆10克

 详细制作过程

1 将白巧克力放入锅中，隔水加热。

2 待白巧克力全部溶化后关火。

3 将白巧克力液倒入方形陶瓷盘中。

4 撒上南瓜仁。

5 再撒入熟红豆，放入冰箱冷冻3分钟至成形。

6 取出冷冻好的巧克力，用刀将巧克力切成数等份。

7 将巧克力片装入盘中即可。

工具

小刀1把，玻璃碗、不锈钢锅、方形陶瓷盘各1个

花生燕麦巧克力片

| 份量：8块 | 难易度：★☆☆☆☆

🧁 配方

黑巧克力100克，燕麦片10克，花生碎10克

🍳 详细制作过程

1 将黑巧克力放入锅中，隔水加热。

2 待黑巧克力全部溶化后关火。

3 将黑巧克力液倒入圆形陶瓷盘中。

4 撒上燕麦片。

5 再撒上花生碎，放入冰箱冷冻3分钟。

6 取出冷冻好的巧克力，用三角铁板切成若干小块。

7 将巧克力片装入盘中即成。

🍴 工具

三角铁板1个，玻璃碗、圆形陶瓷盘、不锈钢锅各1个

杏仁巧克力片

▌份量：8块 ▌难易度：★☆☆☆☆

🧁 配方

黑巧克力碎，杏仁10克，花生碎10克，白巧克力液少许

🍴 工具

玻璃碗、圆形陶瓷盘、不锈钢锅各1个，牙签1根

🍳 详细制作过程

1 将黑巧克力放入锅中，隔水加热。

2 待黑巧克力全部溶化后关火。

3 将黑巧克力液倒入盘中。

4 撒入杏仁、花生碎。

5 滴入少许白巧克力液。

6 用牙签将白巧克力液划开，呈花纹状。

7 将巧克力放入冰箱中，待其凝固成形后取出，脱盘即可。